U0260921

生态环境损害经济学评估方法

吴德胜　陈淑珍　著

科学出版社

北京

内 容 简 介

本书内容共10章。第1章简要介绍生态系统服务，第2章介绍生态系统服务修复框架，第3章给出生态环境基线确定方法，第4章介绍生态环境损害价值评估方法，第5章给出环境损害修复方案的筛选过程和方法，第6章进行环境损害修复效率分析，第7章进行环境损害评估的不确定性分析，第8～10章分别进行不同类别的案例分析。全书面向实际应用，理论联系实际。

本书可供环境经济学专业的学生及高等院校相关专业的研究人员参考阅读。

图书在版编目（CIP）数据

生态环境损害经济学评估方法 / 吴德胜，陈淑珍著. —北京：科学出版社，2020.6

ISBN 978-7-03-063062-9

Ⅰ. ①生… Ⅱ. ①吴… ②陈… Ⅲ. ①环境生态评价－评估方法 Ⅳ. ①X826

中国版本图书馆CIP数据核字（2019）第254301号

责任编辑：陈会迎 / 责任校对：贾娜娜
责任印制：张 伟 / 封面设计：正典设计

科学出版社出版
北京东黄城根北街16号
邮政编码：100717
http://www.sciencep.com
北京虎彩文化传播有限公司印刷
科学出版社发行 各地新华书店经销
*
2020年6月第 一 版 开本：720 × 1000 B5
2020年10月第二次印刷 印张：12 插页：1
字数：242 000

定价：108.00元

（如有印装质量问题，我社负责调换）

前　言

随着人们生活水平的提高，长期稳定地保障生态环境水平成为政府亟须解决的重要问题。但是经济高速发展常伴有生态环境损害事件的发生，这类损害事件导致典型生态系统结构和功能严重退化，并且显著降低生态系统服务水平。这些严重的损害事件对我国的生态安全与生态文明建设产生了巨大威胁。因此，开展针对典型生态系统中的生态环境基线的确定以及损害程度范围判定评估的科学系统性研究，将为维护我国生态安全提供重要理论保障，并可以对实现可持续高质量发展提供具体的参考指导。

生态环境损害赔偿制度法制化改革是环境资源领域重要的基础性制度改革与创新。中共中央办公厅、国务院办公厅于 2015 年底联合发布了《生态环境损害赔偿制度改革试点方案》。此外，中共中央办公厅、国务院办公厅于 2017 年底印发了《生态环境损害赔偿制度改革方案》。该方案指出，自 2018 年起，在全国范围内全面试行生态环境损害赔偿制度。这一系列试点改革方案旨在提高生态环境损害赔偿及其修复效率，并为现有的“企业污染、群众受害、政府买单”的恶性循环提出了切实有效的解决方案。生态环境损害赔偿法制化，不仅能促进生态环境损害鉴定评估、生态环境修复等相关领域的长远发展，还能为真正保护居民环境权益做出贡献。因此，生态环境损害经济学评估方法研究，将为政府部门评估生态环境损害提供科学的决策支持，并且为国家解决环境损害追责问题、环境执法与管理问题提供科学技术支撑与评判依据。

中国幅员辽阔，气候、地貌类型、生态系统类型也十分丰富、复杂多样。生态系统类型众多导致生态系统损害的原因及过程复杂、损害程度各异、损害的形式多样，某些局部生态系统环境的损害甚至达到不可逆转的水平。如何确定生态环境基线、阈值、因果关系及其损害机理和演变过程？如何鉴定损害程度、认定损害行为、判定造成损害的责任？这些问题都是我国生态文明建设和构建生态安全管控体系的关键科学问题。目前，我国在生态环境损害评估范围的界定、阈值判定、评估方法、环境损害行政调解及监督机制等方面仍严重缺失，亟须在理论上和技术方法上进行深入研究。上述问题得到了学术界和相关部门的高度关注。本书首先梳理国外比较成熟的生态环境损害鉴定评估体系，并对典型生态环境基线的确定及损害程度的判定评估方法进行详细介绍，最后通过实际案例演示生态环境损害的具体计算过程。本书提出的方法理论为生态环境损害评估提供决策支持，为政府部门解决环境损害追责、环境执法与管理的科学评估方法提供重要参考，对保障国家生态安全和实现可持续、高质量发展具有科学和实践意义。

基于此，吴德胜课题组依托中国科学院大学环境经济研究中心科研学术平台，结合课题组成员的研究成果与实践经验，撰写了《生态环境损害经济学评估方法》一书。本书较详细地介绍了生态系统服务的基本概念、修复框架、生态环境基线的确定，生态环境损害经济学评估方法，以及环境损害修复方法的筛选、效率评估与不确定性分析等。

本书第 1 章和第 2 章对生态系统服务有关知识进行介绍。第 1 章概述生态系统服务的研究发展，MA、TEEB 和 CICES 三种国际普遍认可的生态系统评估框架，以及常用的生态系统服务价值经济学评估方法。第 2 章介绍自然资源损害评估框架及其评估步骤、修复评估原则、生态修复评估内容与范围等。

第 3 章和第 4 章主要介绍生态损害评估方法。第 3 章主要介绍生态环境基线的常见确定方法。第 4 章重点阐述了市场价值法、揭示偏好法、陈述偏好法和效益转移法这几种生态环境损害经济学评估方法。

第 5 章～第 7 章主要介绍环境损害修复方案的筛选、分析与评估流程。第 5 章详细介绍环境损害修复的分类、评估方法、针对不同类型方法的筛选方法以及基于成本效益分析等的评估模型，并提供大城市内天然气替代煤的环境经济合理性分析案例。第 6 章首先详细描述环境损害修复成本的组成部分、分配步骤与评估方法。其次，对环境损害修复效率的分析方法，如成本效益分析法进行详细描述，包括环境修复成本效益分析及其基本步骤和模型。此外，对数据包络分析方法从原理、思路、步骤及模型构建等方面进行全面介绍。第 7 章主要对描述、刻画、评估环境损害状态、演化中的随机不确定性进行介绍，还讨论蒙特卡罗模拟、模糊理论在解决该问题上的特点和具体计算模型，以及敏感性分析的具体计算步骤等。

第 8 章～第 10 章提供典型环境污染修复案例的经济学评估计算过程。通过多起污染物泄漏事件、水污染事件的案例，依据本书中介绍的评估框架与方法，对污染事件的损害进行经济学测算、评估、模拟与分析。综合多项研究，帮助读者学以致用，更系统、科学地理解环境损害经济学评估的思想与计算过程。

本书由国家重点研发计划专项项目（2016YFC0503606）、中国科学院 A 类战略性先导科技专项（XDA23020203）、国家杰出青年科学基金（71825007）重点资助出版。

本书在编写过程中尽可能地做到层次分明，以便读者理解。由于时间紧迫及笔者编写水平有限，书中难免存在不足之处，敬请有关专家及读者批评指正。

吴德胜　中国科学院大学经济与管理学院
陈淑珍　中南大学商学院

2019 年 10 月

目　　录

第1章　生态系统服务概述

1.1　生态系统服务研究发展

生物体及其物理和生物环境之间的这些基本联系构成了一个相互作用和不断变化的系统，被称为生态系统。人类是生态系统的一个组成部分，生态系统服务是人类从生态系统中获得的益处。生态系统服务包括供给服务（如食物和水），调节服务（如洪水和疾病控制），文化服务（如精神、娱乐和文化福利），以及维持地球上生命条件的支持服务（如营养循环）。生物多样性是活体生物之间的变异性。它包括物种内部和物种之间的多样性，以及生态系统内部和生态系统之间的多样性。

虽然生态系统的概念很早就被提出，但是生态系统的研究在一个世纪前才开始发展。Tansley（1935）为生态系统提供了初步的科学概念化框架。Lindeman（1991）开展了关于生态系统的第一个定量研究。Tansley规定的生态系统不仅包括有机体复合物，还包括形成环境物理因素的整体复合物，并指出生态系统在种类和规模上的差异。后续研究一般采用《生物多样性公约》（Convention on Biological Diversity，CBD）对生态系统的定义，即生态系统是植物、动物和微生物群落的动态复合物及其作为功能单元相互作用的非生物环境。

Costanza等于1997年在*Nature*上发表研究成果“The value of the world’s ecosystem services and natural capital”，根据土地覆被把全球生态系统划分为15类生物群落，将生态系统的服务功能分为17种主要类型，并假定生态系统服务的供给是固定的，对全球生态系统各项服务功能的价值进行估算。这一研究成果在世界范围内迅速引起巨大反响，*Ecological Economics*以论坛或专题形式汇集了有关生态系统服务功能及其价值评估的研究成果。de Groot等（2002）在Costanza等（1997）的基础上，将生态系统功能定义为自然过程及其组成部分提供产品和服务来直接或间接满足人类需求的能力，将生态系统服务功能分为调节功能、生境功能、生产功能、信息功能四个基础门类。

调节功能指自然和半自然的生态系统通过和其他生物圈的生物地球化学循环来调节关键生态过程和生命保障系统。除了维持生态系统（生物圈）健康外，这些调节功能还为人类提供许多直接和间接服务，如洁净空气、水和土壤及生物控制服务。生境功能指自然生态系统为野生动植物提供避难所和繁殖栖息地，从而有助于保护生物多样性和进化过程。生产功能是通过自养生物的光合作用和养分吸收将能量、二氧化碳、水和营养物质转化为一个广泛变化的碳水化合物结构，被次级生产者用来创建更多品种的生物量。这种碳水化合物结构的广泛多样性为人类消费提供了食物、原料、能源资源和遗传物质等生态系统产品。信息功能指在野生栖息地进化的过程中，自然生态系统起到了引人反思、使人精神充实、认知得到发展、娱乐和积累审美经验等重要作用，有助于维护人类健康。

随着生态系统研究的发展和完善，根据生态系统服务的分类逐步形成了三种通用的国际分类系统，即千年生态系统评估（Millennium Ecosystem Assessment，MA)、生态系统和生物多样性经济学（The Economics of Ecosystems and Biodiversity，TEEB)、生态系统服务国际通用分类（Common International Classification of Ecosystem Services，CICES）等生态系统服务框架。这三种分类系统存在许多共性，都包括供给服务、调节服务和文化服务，由于开发背景的不同，各自展现不同的特点。下面对三类生态系统服务框架分别进行详细介绍。

1.2　MA 框架下的生态系统服务

1.2.1　MA 对生态系统及服务的定义

MA 是联合国于 2001 年 6 月 5 日世界环境日之际联合世界卫生组织、联合国环境规划署、世界银行等机构组织开展的国际合作项目，首次对全球生态系统进行多层次综合评估，旨在为生态系统保护和可持续利用的推动及生态系统服务的提供奠定科学基础。项目于 2005 年完成，耗时 4 年，总开支约 2500 万美元。项目征求了 185 个国家和地区的意见，最终形成 95 个国家 1360 名学者编写的 81 篇评估报告。

MA 对海洋、沿海、内陆水、森林、旱地、岛屿、山区、极地、耕种和城市十个类别开展全球评估。这十个类别本身不是生态系统，但每个类别都包含一些生态系统。MA 报告的类别不是互斥的。它们的边界是重叠的。每个类别内的生态系统共享一套生物、气候和社会因素，而这些因素往往在不同类别之间有所不同。例如，影响森林地区生态系统和人类获益的一个重要问题是人类获益与森林收获或转化对水径流的时间、数量和质量的影响有关。鉴于这种相互作用的重要性，将以林地覆盖为主的区域看作一个统一的生态系统来分析是有帮助的，即使其中包含一些淡水和农业区域，也不会分别分析森林、农业和淡水生态系统，因为这样更有利于对生态系统间相互作用进行全面的分析。

MA 的概念框架提供了一个有用的评估结构，这个结构可有助于实施《生物多样性公约》的生态系统方法。作为类比，决策者不会在没有检查经济系统条件的情况下对一国的金融政策做出决定，因为制造业等单一部门的经济信息不足。这一点同样适用于生态系统。可以通过考虑系统各部分之间的相互作用来改进决定。例如，湿地的排水可能增加粮食产量，但是要做出合理的决定还需要与下游洪水风险增加或生态系统服务的其他变化相关的潜在增加成本是否可能超过这些收益的信息。

1.2.2　MA 对生态系统服务的分类

生态系统服务是人类直接或间接地从生态系统功能中获取的利益。人类通过自然生态系统和组成生态系统的物种可维持和满足其生活条件。根据 Costanza 等（1997）的研究，MA 将包括天然和人为的生态系统作为生态系统服务的来源，生态系统服务包括从生态系统中获得有形和无形的人类福利，有时会被单独分为产品和服务。

生态系统服务有多种分类方式：①功能分组，如调节服务、生境服务、生产服务和信息服务（de Groot et al.，2002）；②组织分组，如某些物种相关服务，调节某些外源输入，或与生物实体组织相关（Norberg，1999）；③描述性分组，如可再生资源的商品、不可再生资源的商品、物理结构服务、生物服务、生物化学服务、信息服务、社会文化服务（Moberg and Folke，1999）。MA 则将生态系统服务分为供给服务、调节服务、文化服务和支持服务（表 1.1）。

表 1.1　MA 生态系统服务分类

项目	供给服务	调节服务	文化服务	支持服务
组织性	从生态系统中获得的产品	从生态系统调节过程中获得的益处	从生态系统中获取的非物质性收益	为其他生态系统生产服务提供支持
描述性	食物 新鲜水源 燃料 纤维 生化药剂 遗传资源 观赏植物资源	空气质量维护 气候调节 疾病调节 水调节 水净化 授粉 侵蚀控制 生物控制 风暴保护	精神和宗教价值 娱乐和生态旅游 美学 教育价值 归属感 文化遗产价值 文化多样性 知识体系 创作灵感来源 社会关系	形成土壤 养分循环 初级产品

1. 供给服务

从生态系统中获得的产品包括以下几种。

（1）食物和纤维。包括大量从植物、动物和微生物中获取的食物产品，以及由生态系统衍生的材料，如木材、棉、麻、丝和许多其他产品。

（2）燃料。树木、粪便和其他生物材料可作为能源的来源。

（3）生化药剂。许多药物、杀菌剂、食品添加剂，如藻酸盐、生物材料都来自生态系统。

（4）遗传资源。包括在动物、植物生育和生物科技中运用到的基因和遗传信息。

（5）观赏植物资源。园林植物、花卉植物、绿化植物等。

（6）新鲜水源。新鲜水源是与调节服务紧密关联的一项供给服务。

2. 调节服务

从生态系统调节过程中获得的服务包括以下几种。

（1）空气质量维护。生态系统既有助于形成化学物质，又能从大气中提取化学物质，会在多方面影响空气质量。

（2）气候调节。生态系统能在当地和全球范围内影响气候。例如，在当地范围内，土地覆盖物的变化可以影响当地温度和降水；在全球范围内，生态系统通过吸收或排放温室气体对全球气候发挥重要作用。

（3）水调节。土地覆盖的变化可以大幅度影响径流、洪水、含水层补给的时间和幅度，特别是改变系统的蓄水潜力，如湿地或森林与农田的替代转换或者农田与城市的替代转换。

（4）侵蚀控制。植被覆盖在土壤保持和滑坡预防中起着重要作用。

（5）水净化。生态系统提供的淡水可能含有杂质，但也可以过滤和分解流入内陆水域、海岸和海洋生态系统的污染物。

（6）疾病调节。生态系统的变化可以直接改变人类病原体（如霍乱弧菌），并可以改变大量的疾病载体（如蚊子）。

（7）生物控制。生态系统的变化影响作物病虫害和家畜患病率。

（8）授粉。生态系统的变化影响传粉者的分布和有效性。

（9）风暴保护。沿海生态系统的存在，如红树林和珊瑚礁，可以显著减少飓风或大浪造成的破坏。

3. 文化服务

人们通过生态系统获得的非物质性收益包括以下几种。

（1）文化多样性。生态系统的多样性是造成文化多样性的原因之一。

（2）精神和宗教价值。许多宗教都将精神和信仰价值与生态环境连接在一起。

（3）知识体系。生态系统影响着由不同文化导致的知识体系类型的多样性。

（4）教育价值。生态系统及其组成部分构成许多国家正式或非正式的教育部分。

（5）创作灵感来源。生态系统为许多艺术、民间传说、国家象征、建筑及广告等提供丰富的创作灵感。

（6）美学。生态系统的多样层面为人类寻找美的感受和价值提供机会。

（7）社会关系。生态系统会影响特殊文化下的社交关系的建立。例如，渔民社会和一些游牧社会的社会关系就存在明显的区别。

（8）归属感。许多人将归属感和他们当地的环境特征联系在一起。

（9）文化遗产价值。许多国家都对其独有的重要的文化领地或者文化特色赋予很高的价值。

（10）娱乐和生态旅游。人们经常会基于自然的或文化的特定地点来选择度过他们的休闲时光。

4. 支持服务

支持服务是指对其他所有生态系统生产服务提供必需品的支持。与供给服务功能、调节服务功能和文化服务功能不同，支持服务功能对人类生活的影响是长期的、间接的。例如，人类并不直接使用土壤构成功能，但是这一功能的变动会通过食物生产等自然功能对人类生活间接产生影响。类似地，气候调节功能会对地方和全球的气候及人类生活环境产生影响，光合作用产生的氧气、土壤构成与涵养、营养循环、水循环及栖息地供给等支持服务也会给人类生活带来间接、长期的影响。

1.2.3　生态系统的变异性、弹性、临界值

在 MA 框架下，有三个重要的参数：生态系统的变异性、弹性和临界值。

生态系统的变异性由依据随机、内生或外生参数显示的存量变化或流量变化构成。这些指标必须可解以便于了解系统行为。随机变异性是由于随机或不可控的因素，它们常被考虑为系统行为的背景因素或白噪声。内生变异性是由结构性质产生的，如由捕猎或疾病导致的动物数量的系统波动。外生变异性由系统外的压力造成，如气候的季节性变化或长期变化（如厄尔尼诺现象）。

弹性通常被认为是在经历扰动后系统自行恢复为其原始状态的能力，如大面积火山爆发或者严重干旱后的恢复。当恢复持续期与其他系统相比更短的时候，该系统就被认为比其他系统更具弹性。

临界值（或者突破点）在生态系统中意味着相对于系统正常行为的骤然偏离。如此戏剧性的转变，也可被理解为体制变化、灾难性转变或进入替代性稳定状态，常以由于内部或外部条件变化而增加系统被触发进入另一个状态的可能性为标志。例如，在全球范围内，全球变暖可能导致海洋循环模式重组。在地区范围内，放牧动物的增加将可能使草原转变为苔原。

当管理目标设定为存量或流量时，降低系统变异性或提高预测能力通常是管理策略的关键点。此类干预包括旱灾时灌溉、虫害时喷农药、控制火灾火源、控

制屠宰畜类以防种群过度增长、维护森林生态系统以防自然灾害、维护珊瑚礁以防洋流效应。生态系统的变异性通常是一系列方法的关注重点，但是管理则致力于维持生态系统的弹性并避免忽视生态系统的临界值。当生态系统偏离其正常状态时，对人类的福利影响是巨大的。MA 不仅会检查生态系统存量及流量的大小，也会检查其稳定性，可通过专家对古代纪录和历史纪录的评估推算生态系统的变异性、弹性、临界值，以及生态系统被触发而进入新状态的环境因素等。

1.3 TEEB 框架下的生态系统服务

1.3.1 TEEB 介绍

2007 年，在德国波茨坦召开的 G8 + 5 峰会（八国集团同发展中国家领导人对话会议）提出了一项“开展生物多样性损失经济学全球研究”的提议。2008 年，德国和欧盟委员会发起了 TEEB 行动倡议，并迅速得到联合国环境规划署的支持和国际社会的响应。这是继 2001～2005 年 MA 后，联合国组织实施的又一项针对生态系统和生物多样性的重要研究。

TEEB 提出了 22 个生态系统服务类型，并且将它们归结为 4 个主要领域——供给服务、调节服务、栖息地服务和文化服务，大体上遵循了 MA 的分类方法。TEEB 与 MA 最主要的差异就是 TEEB 省去了配套支持服务，支持服务在 TEEB 中仅作为生态过程的一个子集。为了突出生态系统为迁徙物种和基因库“保护者”提供栖息地的重要性，如自然栖息地通过自然选择的过程维持基因库的多样性，TEEB 将栖息地服务作为一个独立的领域。这些服务的可用性直接依赖于栖息地所能提供服务的状态。如果包含商业化的物种，如鱼和虾（这些物种在河口和沿海产卵，成年后却迁徙到很远的地方），那么该服务就具有经济价值。此外，人们逐渐认识到生态系统基因库保护的重要性，表现为投资的经费越来越多，这些基因库都作为“热点”加以保护，以维持原有基因库商业物种的多样性，如通过创建植物园、动物园和基因样本库来实现对基因库的保护。

1.3.2 TEEB 的生态系统服务分类

TEEB 的生态系统服务分为供给服务、调节服务、栖息地服务和文化服务四个大类。

1. 供给服务

供给服务是指可以描述为生态系统的物质产出的服务，包括食物、水和其他资源。

（1）食物。生态系统为在野生环境和人为管理下的农业生态系统中食物的增长提供条件。

（2）原材料。生态系统为建筑和燃油提供多样的材料。

（3）新鲜水源。生态系统提供地表水和地下水。

（4）医药资源。许多植物可作药用并作为医药产业的投入品。

2. 调节服务

调节服务是生态系统提供的作为调节者来调节空气和土壤质量，或者控制洪水和疾病的服务。

（1）地方气候和空气质量调节。树木提供树荫，森林可以影响降雨。

（2）碳的吸收和储存。树木和其他植物的生长可以减少空气中的二氧化碳并且将其封存在组织中。

（3）极端事件的调和。生态系统和生命有机体创造出可抵御洪水、风暴和山崩等自然灾害的缓冲机制。

（4）废水处理。土壤和湿地中的微生物分解人类和动物的废物及许多污染物。

（5）土壤侵蚀的预防与维持。土壤侵蚀是土地退化和荒漠化过程中的关键因素。

（6）授粉。在全球115大粮食作物中，约有87种依赖于动物授粉，包括重要的经济作物，如可可和咖啡。

（7）生物控制。生态系统对于调节害虫和媒介传播疾病非常重要。

3. 栖息地服务

栖息地（或支持）服务：几乎支持所有其他服务。生态系统为植物或动物提供了生存空间，生态系统还维持着不同种类动植物的多样性。

（1）物种的栖息地。栖息地为每种植物或动物提供生存所需的一切，迁徙物种需要沿着其栖息地迁徙。

（2）遗传多样性的维持。遗传多样性区分不同的品种或种族，为进一步发展商业作物和牲畜提供本地适应的品种和基因库。

4. 文化服务

文化服务包括从接触生态系统获得的非物质利益，如审美、精神和心理上的益处。

（1）休闲与身心健康。自然景观和城市绿地对维持身心健康的作用日益被认识到。

（2）旅游。自然旅游提供了可观的经济效益，是许多国家重要的收入来源。

（3）文化、艺术和设计的审美与灵感。语言、知识和自然环境的欣赏与人类历史息息相关。

（4）精神体验和场所感。自然是所有主要宗教的共同元素，人们对自然景观也会形成特定的认同感和归属感。

1.4 CICES 框架下的生态系统服务

1.4.1 CICES 介绍

CICES 源于 2009 年由欧洲环境署主办的一次会议，其成为一种命名和描述生态系统服务的方式，是土地和生态系统账户发展工作的一部分。MA 被广泛采用和认可，逐渐出现了分组、命名服务方式的差异。TEEB 提出常用的供给服务、调节服务和文化服务，并引入一个新类别——栖息地服务。而在许多研究中，生态系统服务的分类一直存在争论（Costanza，2008）。考虑到服务和受益者来源间的空间关系，以及用户在何种程度上可以排除或完成服务，有必要形成多种生态系统服务分类。

CICES 更强调生态系统服务类型描述的发展，以及经济活动和产品标准描述的发展（Hainesyoung，2009）。其目标是提出一个新的生态系统服务标准分类，既符合公认的分类方法，也利于不同应用之间统计信息的转换。继 2009 年在欧洲经济区主导的 CICES 讨论之后，2009 年 11 月至 2010 年 1 月期间又举办了 CICES 研讨会，与会者主要包括生态系统服务研究人员、环境统计学家和政府人员。

CICES 是通用国际生态系统服务分类方法，提供了一种与联合国环境经济核算体系（System of Environmental-Economic Accounts）相联系的分类结构。在 CICES 体系中，服务由生物有机体提供或由生物体和非生物共同提供。非生物的产出和服务，如矿物质的挖掘和风能的利用，同样能够影响生态系统服务。但是它们并不依赖于生物有机体，它们被视为整个自然资源的一部分，包括地下矿藏、非生物流量和生态系统的资本及服务。

1.4.2 CICES 生态系统服务分类

表 1.2 列示了 CICES 生态系统服务分类中的 23 个服务组和 59 个服务类型（2011 年）。

表 1.2　CICES 生态系统服务分类

功能	服务大类	服务组	服务类型
供给功能	养分	陆生动植物	商业种植 生活种植 商业动物生产 生活动物生产 采食野生动植物
		淡水动植物	商业捕捞 生活捕捞 水产养殖 采食淡水植物
		海洋动植物	商业捕捞 生活捕捞 水产养殖 采食海洋植物
		饮用水	水源储存 水源净化
	物质	生物材料	非食用植物纤维 非食用动物纤维 装饰资源 药用资源 基因资源
		非生物材料	矿物资源
	能量	可再生生物能源	植物来源能源 动物来源能源
		可再生非生物能源	风能 水能 太阳能 潮汐能 热能
调节和维护功能	废物调节	生物修复	植物修复 微生物修复
		稀释和封存	稀释 过滤 封存和吸收
	流量调节	气流调节	防风带 通风
		水流调节	径流和流量衰减 水源储存 沉淀 波能衰减
		巨大流量调节	侵蚀保护 雪崩保护
	物理环境调节	大气调节	全球气候调节 地方和地区气候调节

续表

功能	服务大类	服务组	服务类型
调节和维护功能	物理环境调节	水质量调节	水源净化和氧化 冷却水
		土壤质量调节	维持土壤肥力 维持土壤结构
	生物环境调节	生物圈维护和栖息地保护	授粉 散种
		病虫和灾害控制	生物控制机制
		基因库保护	维持幼儿群体
文化功能	象征性	文化遗产	风景特点 文化传承
		宗教	荒野，自然 神圣的地方或物种
	知识和体验	娱乐和商业活动	标志性的野生地或栖息地 猎物的捕猎或采集
		信息和知识	科学 教育

1.4.3 CICES 分类结构的特点

（1）生态系统中所有生物和非生物的输出都包含在大类中。如果生态系统定义为生物和非生物环境之间的相互作用，那么可以说，生态系统服务必须涉及生命过程（即依赖生物多样性）。根据这个严格的定义，盐、风和雪等非生物生态系统的输出，将不包括在主题当中。然而在2009～2010年的咨询建议中，有支持包括生物和非生物的生态系统输出的建议。因此，在供给功能中有生物材料和非生物材料、可再生生物能源和可再生非生物能源的独立分类。调节和维护功能也有类似的分类。

（2）调节和维护功能包括栖息地服务：CICES 和 TEEB 的主要区别是对栖息地服务的处理。TEEB 认为其应该在最高水平的分组，CICES 将其作为一个更广泛的调节和维护功能部分。CICES 提出应该形成一个子类，就是在生态系统中调节和维护生境条件的重要自然资本（如病虫害防治、授粉、基因库保护等），相当于调节功能中气候调节的生物物理因素。

（3）CICES 对于生态系统服务功能类型较低一级的描述也更为具体，它的层次结构是一个重要特征。CICES 在咨询中的反馈很大程度上表明，高水平的命名应该尽可能通用和中立。因此，“流量调节”被建议使用，“灾害控制”的使用则更加有局限性。用户可明确“大类”和“子类”的特定服务，使用层次结构凸显其工作重心，对更广泛的分组进行测量报告和比较。

1.5　生态系统服务价值评估

从宏观角度来看，生态系统服务价值评估有助于制定出人类福祉与可持续发展的相关指标体系，而生态系统服务的功能类型的不同导致其评估方法有所不同。随着 Helliwell（1969）、Gustafsson（1998）、Turner 等（1998）、Costanza（2000）、Daily 等（2000）、Reitsma 等（2002）、Howarth 和 Farber（2002）、Turner 等（2003）、Heal（2011）对全球生态系统的经济价值评估展开研究，生态系统服务价值评估研究得到了深入发展。这些研究主要围绕着四个方面展开：全球尺度的生态系统服务价值评估、流域尺度的生态系统服务价值评估、单个生态系统的服务价值评估及物种和生物多样性的服务价值评估。生态系统服务价值的评估主要基于福利经济学，可分为以下四大类方法。

1. 市场价值法

该方法用于生态系统服务中可以直接在交易中体现的价值评估，主要适用于物质产品、生产服务功能、信息服务功能和一些调节性服务功能的评估。但由于生态系统的复杂性和动态性，其在时间和空间尺度上的组成部分之间通常为非线性关系，这给生态系统供应水平的预测带来困难。同时，由于生态系统服务与市场化商品之间的内在联系不确定，评价结果的可信度受到质疑。

2. 非市场价值法

该方法用于评估没有市场价值的生态系统服务，主要通过以下方法评估人类对生态系统服务的支付意愿或失去这些服务的补偿意愿。

（1）替代成本（replacement cost，RC）法。该方法主要评估可以通过人工处理系统进行替代的生态系统服务，如自然湿地污水处理功能可以通过昂贵的人工处理系统替代。替代成本法的应用需对生态系统的特征进行精确定义，否则易出现不合适或不完善替代。例如，水电站的建立不能替代水域的娱乐功能、生物多样性功能和碳吸收功能等。只有大部分人愿意支付生态系统服务不存在时所导致的替代行为所需的费用支出，使用替代成本法计算出的货币价值才是有效的。但根据该标准，处于贫困地区的人没有支付能力，该地区的生态系统则得不到保护。

（2）旅行成本（travel cost，TC）法。该方法主要评估通过旅行体现的一些生态系统服务，旅行的费用可看作生态系统服务内在价值的体现。例如，异地的观光者参观某地的价值至少要高于他们支付旅行的费用。由于评价结果受不同分析者的影响，评估结果往往在代表性上存在偏差。例如，生态系统距离人类居住地越近，其参观者就越多，其价值评估值就越大；而相对难以到达的荒野则可能被认为无价值或价值较小。此外，参观者对景观重要性和存在价值的认识存在局限性，会使价值估计不准确，如营养元素循环、传粉、供氧等生态系统服务一般不会体现在景观价值的评估中。

（3）享乐价格（hedonic pricing，HP）法。该方法主要通过人们为相关商品支付的意愿评估生态系统的服务价值，如海滩边的房价通常比靠近较差景观的内陆房价高。该方法的使用使人类乐观地认为，进行交易的商品总存在一些可以度量的特性用来预测其价格。但生态系统服务缺乏现实的交易，其价值评估存在参数的选择问题，影响环境外部性的准确估计。

3. 条件价值法

条件价值（contingent valuation，CV）法主要通过假想市场评估生态系统服务，对市场的不同状况进行描述和问卷调查，如调查人类对提高河水、湖水或溪水水质以实现游泳、划船、钓鱼等娱乐活动的支付意愿。由于这种评估方法不是基于真实的市场行为，其评估结果很大程度上依赖于问卷设计的合理性、问卷提供的信息、问卷中问题的排序、答卷者对问题的理解程度等，存在信息偏差、支付方式偏差、起点偏差、假想偏差、部分-整体偏差、策略性偏差等各种偏差。

4. 集体评价法

集体评价（group valuation，GV）法源自社会学和政治学理论，建立在民主协商的基础上，认为社会政策不能由基于个人偏好的单独测定和加总来决定，应该通过社会公开辩论决定。通过公平、公开的讨论程序，社会团体可以从被广泛接受的社会价值出发了解公共物品的信息，而不只是局限在私人利益上。集体讨论增加了社会平等性和政治合理性，可形成关于生态系统服务价值更加完整和公平的评估。

参 考 文 献

Costanza R. 2000. Social goals and the valuation of ecosystem services. Ecosystems，3（1）：4-10.

Costanza R. 2008. Ecosystem services：multiple classification systems are needed. Biological Conservation，141（2）：350-352.

Costanza R，d'Arge R，de Groot R，et al. 1997. The value of the world's ecosystem services and natural capital. Nature，387：253-260.

Daily G C，Söderqvist T，Aniyar S. 2000. The value of nature and the nature of value. Science，289（5478）：395-396.

de Groot R S，Wilson M A，Boumans R M J. 2002. A typology for the classification，description and valuation of ecosystem functions，goods and services. Ecological Economics，41：393-408.

Gustafsson B. 1998. Scope and limits of the market mechanism in environmental management. Ecological Economics，24：259-274.

Hainesyoung R. 2009. Towards a common international classification of ecosystem services for Integrated Environmental and Economic Accounting. Cancer Research，73（3 Supplement）：C16.

Heal G. 2011. Valuing Ecosystem Services. London：Earthscan.

Helliwell D R. 1969. Valuation of wildlife resources. Regional Studies，3（1）：41-47.

Howarth R B，Farber S. 2002. Accounting for the value of ecosystem services. Ecological Economics，41（3）：421-429.

Lindeman R L. 1991. The trophic-dynamic aspect of ecology. Bulletin of Mathematical Biology，53（1）：167-191.

Moberg F，Folke C. 1999. Ecological goods and services of coral reef ecosystems. Ecological Economics，29（2）：215-233.

Norberg J. 1999. Linking nature's services to ecosystems：some general ecological concepts. Ecological Economics，29（2）：183-202.

Reitsma S，Slaaf D W，Vink H. 2002. A typology for the classification，description and valuation of ecosystem function，goods and services. Ecological Economics，41（3）：393-408.

Tansley A G. 1935. The use and abuse of vegetational concepts and terms. Ecology，16（3）：284-307.

Turner R K，Adger W N，Brouwer R. 1998. Ecosystem services value，research needs，and policy relevance：a commentary. Ecological Economics，25（1）：61-65.

Turner R K，Paavola J，Cooper P. 2003. Valuing nature：lessons learned and future research directions. Ecological Economics，46（3）：493-510.

第2章　生态系统服务修复框架

2.1　自然资源损害评估框架

自然资源损害评估框架（natural resource damage assessment，NRDA）是像美国国家海洋和大气管理局（National Oceanic and Atmospheric Administration，NOAA）这样的联邦机构、州政府及印第安部落一道，用于评估溢油、危害性的废物场地和船舶触礁等事件在国内及其周边的自然资源上的影响的法律程序（Thompson，2002）。

损害评估包括损害裁定和损害量化。内政部规则下的自然资源损害裁定由以下文件组成：①调查有害物质从释放点到自然资源暴露于释放物质的点的方法；②自然资源（即空气、地表水、沉积物、土壤、地下水、生物区系）损害的发生。

损害评估分为两类：第一类建立在违反监管标准引起损害的基础上，可能包括对禁止消耗被污染的生物区系和封锁或限制使用资源的警告；第二类基于物理或化学资源因污染产生的生物变化。

这些损害的实例包括引发生物体在发育、健康、繁殖成功率或行为上的变化。量化已经发生的损害涉及定义生态系统服务损失和自然资源损失范围的基线（“没有泄漏情况下”）条件，以及量化自然资源损失和它们所提供的服务的损失。服务损失可能包括为人类提供资源的栖息地的减少和可利用资源的减少。损害的量化阶段主要评估被损害的资源和服务的可恢复性及由泄漏造成的服务减少，将其作为衡量补偿措施合理性的评判基础，或者作为危害的测定。一般的评估方法是，审视现有的数据，分析差距，然后根据需要确定附加的测试和取样。这可以最小化评估费用和最大限度地利用现有的信息。受托者将基于初步审查和必要的额外初步调查，确定必要的附加取样或调查，以确定相关污染物对生态系统造成的损害的性质和程度。

2.2　评 估 步 骤

预评估：包括识别受到威胁的资源、收集地区的样本并进行航拍。

评估与计划：地区与实验室测试、建模并分析、建立恢复计划。

恢复：修复栖息地、自然资源与服务。

2.2.1　《1990 年油污法案》下的自然资源评估程序

根据《1990 年油污法案》，评估程序分为三个阶段：预评估阶段，损害评估和恢复规划阶段，以及恢复实施阶段。

（1）预评估阶段：此阶段是确定《1990 年油污法案》的适用性、受托机构的管辖权，以及开展的自然资源损害评估的合法性和合理性。

（2）损害评估和恢复规划阶段：评价自然资源和服务受到的损害，获得的信息用于确定恢复措施的类型和规模。受托机构必须识别一系列的恢复替代方案，从中选择优先的替代方案，形成恢复规划。其中，恢复规划措施包括基本修复和补偿性修复两个部分，基本修复是将受损的自然资源恢复到基线状态所要采取的所有措施，包括使受损的自然资源自然恢复的方案；补偿性修复则是对受损自然资源从损害发生到损害结束造成的期间损失进行补偿，而期间损失的确定要依据所选择的基本修复方案。

（3）恢复实施阶段：在该阶段，受托机构提出书面要求，邀请责任方根据受托机构的最终实施标准实施最终恢复计划，或补偿受托机构的评估和监管费用，或支付评估费用和受托机构实施该恢复计划的费用之和。《1990 年油污法案》中明确了联邦和州政府可以获得的损害赔偿，可以分为三部分：一是重建、复原、更换或取得受损自然资源的类似等价物的成本；二是自然资源在重建期间价值的减少；三是评估这些损害赔偿的费用。

2.2.2　《综合环境反应、赔偿和责任法》下的自然资源评估程序

美国内政部于 1980 年发布了关于自然资源评估程序的规章。现行的《综合环境反应、赔偿和责任法》下的自然资源评估程序包括四个部分：评估前期、评估计划期、评估期及评估后期。

该规章规定了两种自然资源损害赔偿评估程序：A 程序和 B 程序。A 程序适用于少量油或有害物质污染的事件，用简单的、特定的模型进行计量。B 程序适用于大型事故，对每一次事故进行单独的、特定的评估，B 程序通常由三部分组成：损害的确定、损害的量化、损害赔偿金额的确定。其中，损害的量化部分将自然资源的价值分为两个部分：第一部分是恢复、修复、重置和/或获取同等受损自然资源及这些资源提供的服务所需要的费用；第二部分是补偿价值，即自然资源在损害发生到自然资源的服务恢复到基线水平的期间损失。但与《1990 年油污法案》不同，该规章并没有将补偿价值的计算方法的规定局限于非货币化的评估方法，而是为受托机构提供选择的余地。

2.3　修复评估原则

修复评估应遵循以下七个原则。

1. 关系

关系是指生态恢复、复原、替代与受损的生态资源或服务是否有重要联系。合格的修复应广泛联系生态系统的各个要素，使受损的系统得到快速而健康的恢复。

2. 相关性

相关性是指能否有效地满足受托者的恢复目标及目的。合格的修复有明确的目的性，与受托者的目的高度一致。

3. 成本合理性

成本合理性是指所建议的恢复过程需要多少成本，它的收益是否可以被量化，是否有机会与其他组织者和机构共同承担。合格的修复应有合理的成本，我们不能用更大的成本去修补小于其数量的损失，并且要积极地与其他组织机构联合起来解决问题。

4. 效力

效力是指生态恢复项目成功的可能性。项目完成后，可能受到自然或人为因素的影响和冲击，需要进行后续维护。修复完成后可能会经历一系列与自然的磨合过程，自然系统是复杂的整体，如果一项修复只能在项目完成的短暂时间达到目的，那么这项修复就是不成功的。

5. 合法性

合法性是指这个生态恢复项目是否遵守了相关、可适用的联邦、州及当地的法律法规，这一项目是否确保人类的健康与安全。

6. 生态影响

生态影响是指这一生态修复项目是否将提升其他环境效益，在项目完成时，是否避免对生态资源带来其他附属伤害，项目是否为附加（因已有项目未完全实现生态修复，在已有项目上增加的内容）等进行评估。

7. 兼容性

兼容性是指这一项目与周围土地的使用是否相容，是否可以和谐共处。

2.4　生态修复评估内容和范围

NRDA 是由美国国家海洋和大气管理局提出的，针对油类、化学品等有害物质泄漏对自然资源等造成的损害的评估程序，很多经济学家建立了成熟的经济价值评估方法为该体系服务（Unsworth and Bishop，1994）。由于在不同生态系统中，损害评估的内容和范围各不相同，基本从直接被污染的自然资源出发，分析框架主要包含空气、地表水、沉积物、土壤、地下水、生物区系等各项指标。下面以丹河煤灰污染事件为例，说明 NRDA 在实例中的应用。

在 2014 年，杜克能源公司（以下简称杜克能源）拥有的一家封闭的北卡罗来纳州燃煤发电厂，数万吨的煤灰和 2700 万 gal（10.22 万 m^3）的污染水排到了位于北卡罗来纳州伊甸附近的丹河。这是目前发生在美国的第三严重的煤灰溢出事件。一条 48in（约 122cm）的管道将砷和其他重金属排到河里一个星期，杜克能源阻止了事件的再度恶化。根据联邦政府的调查，沿河居民被及时告知远离污染水。鱼被测试之前，卫生官员警告人们不要吃这些鱼类。使用这条河流的弗吉尼亚州城市认为，采用标准的方法处理，水可以是安全的。丹河作为一个完整的生态系统，要评估其自然资源损失情况，需要从被污染的水源出发，拓展到其影响的地质及生物资源。

2.4.1　地表水资源损害评估

丹河为很多植物和动物提供了栖息地。河流为这些生命提供食物和避难所，很多物种把外海、浅滩、涡旋流域当作栖息地来养育后代。丹河为很多生物群落提供饮用水，并且给划船、游泳、捕鱼、参观野生动物提供了可能。

NRDA管理条例表明，当前的水道化学污染已经超过了美国联邦政府颁布的标准，造成了损失。在污染前，地表水可为栖息地水生生命提供水资源和栖息场所。因此，受托者可以从地表水可适用的水质量标准及历史数据、可再生地表水报告给出的地理视距来评估地表水损害。

美国国家环境保护局（United States Environmental Protection Agency，EPA）、北卡罗来纳州和弗吉尼亚州政府已经颁布了水质量标准来保护人类和水生生物不受暴露的有毒物质的影响。受托者将会筛选污染之后的水质量数据与 EPA、北卡罗来纳州和弗吉尼亚州政府的水质量标准［基准最大浓度（criteria maximum concentration，

CMC)、基准连续浓度（criteria continuous concentration，CCC）］作比较。利用历史规定和杜克能源数据库建立的水质量基线可以决定相关参数的筛选值的超出数值与抵抗背景条件释放的反映程度。

监管可再生的接触的报告和其他的警示已经表明煤灰释放的后果，也说明了人类对于地表水资源的使用受到了影响。在 2014 年 2 月 12 日，北卡罗来纳州的健康和公民服务部门发布了关于丹河的休养报告。这个报告发布之后又在 2014 年 7 月 22 日被提起，弗吉尼亚州虽没有正式的发布报告，但是联邦的健康部门向公众发布了建议，当公民进行主要接触丹河的运动（游泳、划船、皮划艇）时要小心谨慎。受托者将会评估由建议和警示发布造成的服务在空间和时间上的损失。

发布之后，杜克能源、EPA、北卡罗来纳州环境质量部门（North Carolina Department of Environmental Quality，NCDEQ）和弗吉尼亚州环保部空气质量部门（Virginia Department of Environmental Protection Division of Air Quality，VDE-PAQ）对地表水进行了随机取样。取样点包括溢流源、几个顺流地点、丹维尔饮用水的进水口、波士顿的南部、弗吉尼亚州、污水处理厂。在采集沉积物样品的几个地点，EPA、科学和生态系统支持部门（Science and Ecosystem Support Division，SESD）团队采集了水柱（包括表面和沉积物/水界面）的随机样品。杜克能源、EPA、NCDEQ 和 VDE-PAQ 也进行了饮用水（包括未净化的水和成品水）的随机取样。杜克能源（在渗漏上游的 3 个地点和下游的 6 个地点每两个月进行一次）、NCDEQ（在渗漏上游的 1 个地点和下游的 3 个地点每个月进行一次）和 VDE-PAQ（在渗漏下游的 6 个地点每个月进行一次）也对地表水进行长时间的取样。渗漏之前和之后的数据库对于决定基线条件都是有用的（杜克能源、EPA、NCDEQ 和 VDE-PAQ 都了解这一点）。根据渗漏之后样本的空间分布和时间频率，受托者可以完成对损失的评估，无须在不间断的状态和杜克能源的基础上再进行额外的数据收集。因此，考虑到定点数据和筛选值的可用性，不确定性受到了限制。

为了在地表水的监管中考虑河流沉积物的影响，受托者采用两种机制来量化沉积物污染浓度对生物区可能造成的毒性损害：①响应和移动造成的沉积物和可再生资源的损失；②响应和沉积物的移动造成休养的损失。

沉积物中含有大量危险物质并且持续一段时间，这个过程会对暴露在地表水面、悬浮沉积物、河底、浅滩、沿岸的其他自然生物资源产生影响，受托者确定了丹河沉积物中与煤灰有关的有害物质浓度已经足够对暴露于沉积物的自然资源产生损害。受托者想进一步扩展评估，确定与煤灰相关的有害物质对海底生物造成损害的可能性。结果会受筛选金属的生物作用及其浓度影响。受托者的初期筛选关注了硒和砷的浓度。影响数值的超出值的时间和空间的延伸是可以控制的。

积灰调查的结果证明了河流中灰尘的影响，灰尘厚度和条件的评估也支持了灰尘修复计划决策的制定。丹河流域的 3 个区域，丹维尔、波士顿南部和弗吉尼亚的污水处理设施的进水口用来研究灰尘移动。灰尘和灰尘/沉积物的运动会对原生土壤和丹河流域相关的栖息地产生影响。受托者可用河流栖息地受影响的程度和在修复阶段捕捞栖息地减少值来改变损害评估。同样地，由于移动活动，丹维尔的公园不对公众开放，在 2014 年 4 月 1 日到 8 月 1 日进行清理工作。受托者将会评估由公园不对公众开放造成的服务在空间和时间上直接的损失。

受托者得到有用的沉积数据有以下几个来源。

（1）积灰监视：在渗漏的几天内，在丹河流域开始着手进行积灰的勘测调查，包括多址漂浮探测，关于从选址到瑞纳河流域河流积灰的出现、范围和厚度的核心样本制作观察，在 2014 年 3 月下旬，设计了积灰横断面的研究调查，开始着手准备收集 30 个横断面位置的具体积灰数据。为了确定灰尘中硒和砷的百分比，每月进行 1 次调查，共调查 4 次，记录每一个横断面的外部观测情况（包括沉积岩中灰尘的存在情况及深度）、灰尘百分比和沉积化学物质。三种运动之后，某一确定位置的积灰评估项目就会减少，这些项目包括 5 个横断面位置每季度的沉积物样本。

（2）沉积化学：在响应过程中，EPA、SESD 团队收集了沿着丹河流域下游（包括丹维尔和弗吉尼亚）1mi（1mi = 1.609 344km）间距采样点的沉积样本，之后在丹河流域的其他河流采用了更大的空间尺度。取样的目的是定性地描述收集部分的积灰大小和程度。EPA、SESD 团队关于金属的结果对于部分选址的筛选是有效的。原始阶段研究的结果可以指导积灰横断面的研究。NCDEQ 在响应阶段渗漏下游的两个位置进行了样本取样。EPA 和 SESD 对沉积化学物质进行了长时间的监测，和上面所介绍的积灰的监测相联系。最终 NCDEQ 和弗吉尼亚州环境质量部（Virginia Department of Environmental Quality，VADEQ）进行了长时期的沉积化学物质的监测。

（3）沉积运输模式：在 EPA 的监管下，杜克能源首次尝试用沉积运输模式来预测在河流系统中灰尘的行为。采用一维和二维模式将得到积尘在时间和空间的概况及污染的运输和去向。沉积化学物质在时间和空间上都存在一些差异，所以需要一些假设。在有关 EPA 的规定和杜克能源建立的标准的基础上，EPA 评估了丹河流域灰尘排放的灰尘移动位置及把积灰监管作为未来调查计划的必要性。在每季度第一轮结果的基础上，2015 年 5 月 AOC 还需要继续收集样本。正如上面所述，如果得到批准，在原始横断面的部分位置上的 DRDAR（Department of Rural Development and Agrarian Reform）持续的取样可能继续满足灾害评估的需要。另外，灰尘监管位置的选取集中在灰尘区域及丹河流域系统中自然和人工（如蓄水）的库。浅滩选取的沉积物和积灰的样本有很大的差异，所以为了生态自然保护，在损失评估中要强调丹河流域等区域的重要性。及时更新积累样本情况，持续加强 NRDA 损失评估。沉积物运输模式相关的不确定性在 AOC 2015 年的文章中展开了分析，但目前还没有特殊点数据的相关著作，所以只能接受或依赖以下假设：生态环境功能降低过程中的不确定性来源是有限的，所以可依赖渗漏之前沉积化学物质的数据库信息进行评估。关于决定功能降低的不确定性的其他来源是有限渗漏之前沉积化学物质的数据库（如杜克能源有限的位置，只有一个下游位置）。

2.4.2 地质资源损害评估

地质资源包括位于高山和湿地的土壤和沉积物，这些与丹河流域关系密切。地质资源（如湿地土壤）受到损害时所含的有害物质浓度足够对其他资源（如地表水、地下水生物）造成损失。受托者评估了两种机制来确定地质资源损害：①量化湿地生物区沉积物中有毒物质的浓度；②考虑生态系统演化与对有毒物质的响应，以解释对地表水等资源的损失评估。

受托者可以依赖的有效数据的优先来源包括：沉积化学物质样品与城镇小溪运动（在城镇小溪和丹河流域围绕着湿地环境）相联系的结果对于筛选合适的沉积物质量指南是有用的。在区域中超过河床的移动活动的空间范围（包含在地表水资源损失评估中）对于受托者评价湿地或者高地栖息地受修复活动影响的程度是有用的。

我们可以合理地认为，受托者可以在易得数据的基础上，通过假设和文献限制评估的不确定性，从而不需要再收集数据就可以完成湿地栖息地的损失评估和修复评估。评估的假设和文献限制了不确定性，由此我们可以得知疏浚的湿地栖息地的减少值和修复阶段。

2.4.3 生物资源损害评估

水生生物暴露在与灰尘有关的有害物质中的可能路径包括：直接与水体中悬浮或溶解的有害物质接触、直接与被有毒物质如煤灰等污染的沉积物接触、直接与污染沉积物孔隙中的水分接触、暴露在二次悬浮物和二次污染沉积物中、在觅食或饲养过程中从污染沉积物中吸收或者通过对被污染猎物的消化吸收，包括生物积累。有毒物质在水体和沉积物中的浓度足够对鱼类和其他水生生物造成伤害，这点已经被超过淡水水生生物标准和一致认为的对淡水生态系统可能有所影响的浓度所证实。下面总结了受托者对于不同水生生物损害评估的方法和提供的服务。

1. 水底无脊椎动物

一般来说，如果污染物足够导致无脊椎动物或者它们的后代经历以下至少一种在生存上不利的转变，如死亡、疾病、行为失常、癌症、基因突变、生理疾病（包括繁殖困难）或畸形等，那么对生物资源的损害就发生了。受托者评估了水底栖息地的物理埋葬法的潜在影响，这对于贝类和行动不便的水生昆虫来说至关重要。灰尘覆盖了底部，埋葬了动物和它们的食物。灰尘中金属浓度有所提高，对水底的无脊椎生物可能会有一个长期的毒害作用。丹河系统有品种繁多的贝类，包括联邦列出的濒危的詹姆斯多刺贝壳（*Pleurobema collina*）和绿色浮游蚌（*Lasmigona subviridis*），这些物种是否存在被服务机构用来确定联邦濒危物种保护法的实施是否得到了保证。这个站点上游或下游的物种都被记录下来。正如上面的讨论（水体表面资源的损害评估），通过比较沉积物中的金属浓度与文献中对海底生物的影响数据，可以得出对海底无脊椎动物的毒性影响。受托者评估了对海底无脊椎动物的损害，评估通过灰尘埋葬的方法对无脊椎动物的时间和空间范围内的物理性影响，比较泄漏前和泄漏后海底无脊椎动物的健康状况（用群落多样性指数测定）。

当泄漏发生时，煤灰成为河流的一种新的材料来源，当很多粗糙部分堆在一起时，表现和沉积物相似。泄漏之后，在选点与克尔湖上游之间的沉积区域对灰尘沉积的观测时间很短暂，包括一个高达5ft（$1ft = 3.048\times10^{-1}m$）的灰或灰/沙混合覆盖的位于水底释放点坡面底部的煤灰条，在选点2mi范围内沉积了5in以上的灰尘，沿着北卡罗来纳州/弗吉尼亚州北部海岸线9mi沉积了2in厚灰尘，更远地顺流而下直到波士顿、弗吉尼亚州南部，观察包括沙棒1/8in到0.5in的灰尘沉积和其他沉积区域及所有去向克尔湖的灰尘路径。不管是物理埋葬还是海底改变的物理质量，灰尘沉积对生物（如海底的无脊椎动物）都产生了潜在的影响。这些物理影响都可以通过已有的时间和空间数据来评估，这些数据集包括基于邻域的灰尘沉积量、沉积物中灰尘含量和从沉积物运移模型预测到的沉淀物量。

海底大型无脊椎动物是水生群落和食物网的重要组成部分。这个生物群落的健康也是它们生存的水生生态系统生物完整性的一个指标。灰尘可能使水生群落整体衰落，因此，构建群落多样性度量指标或方法有助于对涉及区域和释放区域下游的大型无脊椎动物聚集情况进行预期比较。

为了评估灰尘使海底无脊椎动物窒息的范围，受托者会在沉积物所有评估部分中利用基于领域的灰尘沉积物观测、沉积物中灰尘含量、从沉积物运移模型预测到的沉淀物来描述。海底生物群落指标可以用来评估泄漏前和泄漏后的状况（如HDR2015，从杜克能源、NCDEQ对海底无脊椎动物进行监测得到的数据和如附件 A 到附件 C 描述的 VADEQ 监测得到的数据）。受托者也会评估来自其他煤灰释放点的相关文献。

在沉积物评估部分，对有关灰尘沉积物观测、沉积物中灰尘含量、沉积物运移模型结果的数据空白做了讨论。有关海底群落健康评价的数据空白与可用数据在时间和空间上的空白有关（尤其是泄漏前基线位置的水底监测受到限制）。

2. 鱼类

淡水鱼（包括娱乐用鱼和没有命名的鱼）已经受到泄漏的影响或潜在影响。除了一般有名和无名的种类，在北卡罗来纳州和弗吉尼亚州北部的丹河系统中还有一种联邦列出的濒危鱼类［*Roanoke logperch*（Percina rex）］。该系统还提供了吉氏鱼鮰（*Noturus gilberti*）的栖息地，这种鱼是否存在目前被美国鱼类及野生动植物管理局（United States Fish and Wildlife Service，USFWS）用来评估确定在美国生态学会（The Ecological Society of America，ESA）之下的保护是否得到了保障。不管是上游还是下游的这些物种的记录都可以找到。受托者会通过以下方法评估对鱼类的伤害：比较食物砷残留在鱼类文献中报道的影响值，了解鱼类消费来历、日期和地理范围咨询，对比泄漏前与泄漏后鱼类的健康情况（如群落多样性指数测定）。

（1）泄漏后砷的影响包括对脊椎动物产卵的潜在影响（包括鱼）。一般情况下在煤灰点砷有生物积累的可能。砷在煤灰中主要存在形式是亚砷酸盐，这种盐被生物高度积累，通过消化吸收被污染的猎物，在高层次食物链中被进一步放大。灰尘和受影响的沉积物增加了生物风险门槛，在 NRDA 损害评估阶段会评估砷对鱼类潜在的毒性影响。长期的监测计划包括收集砷在水体、沉积物、几个更高生物层次（包括海底大型无脊椎动物、固着生物和鱼类）中的数据，通过比较食物中砷的浓度，这些可以被用来估计损害，以此筛选出在鱼类中的效应值。如果得到证实，在空间和时间范围上增加的效应值也可以被确定。

（2）经北卡罗来纳州发布，自然生物资源损害与恢复管理机构定义鱼类消费咨询是一种损害。为了在文献中证明这种损害，受托者会评估咨询的来历、日期和地理范围。

（3）具有代表性的改变水生环境的不被人类活动或其他事件影响的鱼群是以在一个生态区域内，具有期待（地区的）的物种组成和物种丰富度为特征的。因而，随时间的推移，评价在丹河流域受到泄漏潜在影响的鱼群在物种组成上是否接触了期望的没有受到影响的鱼群。

受托者主要的可用数据来源包括：水体中砷的数据、沉积物的数据及几个更高生物层次（包括海底大型无脊椎动物、固着生物和鱼类）的数据、从杜克能源和 VADEQ 中得到的鱼群健康数据。受托者也评估了来自其他煤灰释放点的相关文献。

利用生物集中因子可估计沉积物沿食物链转移到更高营养级鱼类带来的潜在影响。受托者能利用可得数据（从海底无脊椎动物、固着生物、水和沉积物得到的砷含量）来估计生物转移，并通过对生物转移因素产生的沉积场地进行研究来减少不确定性。对鱼群健康评估的数据空白与可用数据在时间和空间上的空白有关（尤其是泄漏前基线位置鱼类监测受到限制）。

3. 候鸟与依赖水的野生生物

《候鸟协定法案》被修定后，多种候鸟出现在这个站点和受影响的丹河流域的下游，包括太阳鸟、水鸟、猛禽（包括在站点与丹维尔之间的秃鹫）和其他种类。受托者通过比较食物中砷残留来估计对鸟类的损害，得到文献中报道的鸟类的影响值。像鱼类、鸟类和其他产卵的脊椎动物通过消化吸收被砷污染的猎物都受到了潜在的消极影响。砷在水中、沉积物和其他食物中的残留量在文献中被当作决定鸟类和其他靠水生活的野生生物损害影响水平的值。如果得到确认，在空间和时间范围内的影响值增量就可以确定。

受托者主要可用数据来源包括：从杜克能源、NCDEQ、VADEQ 抽样中得出的结果，确定生物中（包括固着生物、海底无脊椎动物、鱼的组织）危险物质的残留量、水体和沉淀物中有毒物质浓度（从 EPA、杜克能源、NCDEQ、VADEQ 得到）。

对生物集中因子的沉积被用来估计对更高营养级鸟类的潜在影响。一个合理的可能性是受托者能使用准备好的数据（从海底无脊椎动物、固着生物、鱼、水和沉积物中得到的砷含量）来估计生物转移，也可能基于对生物转移因素产生特定沉积场地的研究。受托者也评估了来自其他煤灰释放点的相关文献。

2.5　生态环境风险评估

环境评估中最重要的前导工作之一就是确定本次评估所应包含的项目，即“风险项目”。按来源不同，风险项目分为工业污染风险、农业污染风险、生活污染风险等；按被污染区域不同，风险项目分为地表水污染风险、大气污染风险、地底水污染风险、土地污染风险等；按控制角度的不同，风险项目分为源头控制风险和过程控制风险等；按被污染者不同，风险项目分为人身健康风险、生态污染风险等。为不同目的做的环境评估将会用到不同的风险项目。以下对生态污染风险和人身健康风险做一些简单的介绍（Jiang et al.，2016）。

2.5.1　生态污染风险

生态污染风险项目包含众多指标，其核心思想是衡量该地区的环境发展过程中可能或者已经对生态造成的伤害。生态环境的平衡发展是地区平衡稳健发展必不可缺的一部分，也是环境评估的重点。

生态污染风险指标之一是地区重点监控企业密度，这个指标测度的是该地区内国家级重点监控企业的数量。每一年，国家都会发布本年度国家重点监控企业名单动态更新以指导该地区，名单内的企业大多是基础性的、重要性高的国家企业，同时具有可能对环境造成危害的高危性，需要地区的严密监控。显然该指标越高，该地区发生生态污染的可能性越高。

生态污染风险指标还包括风险企业指标，该指标测度的是区域内对生态造成风险的可能性高于平均值的企业数量，其中企业对生态造成风险的可能性大小参考生态环境部《建设项目环境影响评价分类管理名录》。该指标越高，该地区被污染的可能性越高。

工业废水扩散水平也是生态污染风险指标之一。该指标与上述两个指标的不同之处在于上述指标分析的是可能发生生态污染的风险高低，而该指标分析的是已经发生的生态污染的危害程度。此指标测度的是区域内废水总量，指标来源参考省部数据年鉴及《中国环境统计年鉴》。区域内工业废水总量越高，该区域已发生的生态污染水平越高。

生态污染风险指标还包括普通工业废品排出水平、工业废气排出水平、农药使用水平、杀虫剂使用水平、动物粪便排出水平等。以上指标从各个方面测度了工业生产、农业生产和日常生活活动对生态的影响，考虑了区域内已被污染的程度和未来发生污染的可能性。

2.5.2　人身健康风险

环境污染除通过对生态造成影响从而间接影响人身健康外，也可能直接作用于人身健康，对人身健康造成重大伤害。我们强调经济发展应该“以人为本”，其内涵就是提醒在发展经济的同时，也要注意对环境的保护，从而保护人们的身心健康。

人身健康风险指标包括地区人口，该指标测度的是区域内人口总数。该指标可以作为重要的基础指标和其他指标联合观察，测量区域内环境风险和已发生的污染对人身健康的影响。

人身健康风险指标还包括区域内人均寿命，该指标由中国统计年鉴直接给出。

此指标可作为间接测量的指标反映该区域的环境污染对人身健康的影响。该指标越高，我们猜测该区域的环境污染程度越低。

易感人群指标也是人身健康指标之一，该指标由该区域内 0～14 岁的青少年人口及 65 岁以上的老年人人口之和除以该区域人口总数得出。在被污染的环境中，青少年和老年人更容易受到伤害，我们可以预测该比例越高，该区域发生环境污染后对人口的影响越大。

人身健康风险指标还包括生活用废水指标、生活垃圾排出指标、区域生产总值等。环境污染对人身健康的影响大多数是间接的，观测这些指标很难直接得到该区域内的人身健康风险，但是通过联立解读这些数据还是可以大致观察到区域的环保水平及对人身健康的影响。

参考文献

Jiang S J，Zhai Y Z，Leng S，et al. 2016. A HIVE model for regional integrated environmental risk assessment：a case study in China. Human and Ecological Risk Assessment：An International Journal，22（4）：1002-1028.

Thompson D B. 2002. Valuing the environment：courts struggles with natural resource damages. Environmental Law，32：57-89.

Unsworth R E，Bishop R C. 1994. Assessing natural resource damages using environment annuities. Ecological Economics，11：35-41.

第3章　生态环境基线确定方法

3.1　引　　言

基线主要在环境损害鉴定评估过程中起到较为关键的作用。其不仅是判断环境损害是否发生的重要参考，同时是在确认损害程度时，从空间、时间、恢复量等角度衡量的重要指标。为了评估环境损害程度，首先要计算生态环境基线状态。生态环境基线状态指污染环境或破坏生态行为未发生时，受影响区域内人体健康、财产和生态环境及其生态系统服务的状态。生态环境基线状态评估包括以下几方面内容。

（1）利用污染环境或破坏生态行为发生前评估区域的历史数据进行环境损害鉴定评估，数据来源包括常规监测、专项调查、统计报表、学术研究等收集的反映人体健康、财产状况和生态环境状况等历史数据。

（2）利用未受污染环境或破坏生态行为影响的相似现场数据，即“对照区域”数据进行环境损害鉴定评估。要求“对照区域”与评估区域的人群特征、生态系统功能和服务水平等特征具有可比性。

（3）若上述方法不可行，可考虑构建污染物浓度与人体健康指标、财产损失程度、生物量或生境丰度等损害评价指标之间的剂量-反应关系模型来确定基线。

调查环境损害时主要调查以下几方面。

（1）评估区域内环境介质（地表水、地下水、空气、土壤等）中污染物浓度是否超过基线水平或国家及地方环境质量标准，且造成的影响在一年内难以恢复。

（2）死亡率增加：受影响区域污染环境或破坏生态行为发生后，与基线状态相比，关键物种死亡率的差异有统计学意义。

（3）种群数量的减少：受影响区域污染环境或破坏生态行为发生后，与基线状态相比，关键物种种群密度或生物量的差异有统计学意义。

（4）生物物种组成发生变化：受影响区域污染环境或破坏生态行为发生后，与基线状态相比，动植物物种组成、生物多样性等的差异有统计学意义。

（5）身体变形：受影响区域污染环境或破坏生态行为发生后，与基线状态相比，生物体外部畸形，骨骼变形或内部器官和软组织畸形，组织病理学水平的损害等发生率的差异有统计学意义。

（6）造成生态环境损害的其他情形。

美国《1990年油污法案》认为，基线是在相应的环境污染事件未出现时，该地区的自然资源及其所能提供的服务的存在状态。一般可以通过所评估地区的历史数据、邻近参考地区的数据、控制数据等其中某一种或某几种方法进行确定。而DOI（Department of the Interior）法案则提出，基线是所评估地区在出现石油等有害物质排放之前所在的状态。欧盟打击环境犯罪行动项目（European Union Action to Fight Environmental Crime，EFFACE）提出的环保令（Directive 2004/35/EC）中指出，基线是环境损害事件未发生时，该地区自然资源及其能提供的服务所处的状态，一般可以利用信息估计进行获取。我国原环境保护部所修订的《环境损害鉴定评估推荐方法（第Ⅱ版）》认为，基线是在环境污染或其他生态破坏行为尚未发生时，受影响区域内环境的物理、化学、生物特性及其所能够提供的生态系统服务的状态。

虽然现在有许多估计基线的方法，但是在大多数情况下，我们所得到的生态环境数据资料是在环境损害事件发生之后，甚至发生了很长时间之后才获得的。这就使得我们在估计基线时，缺乏损害发生前生态系统功能的数据，导致我们的估计结果有很大的局限性。因此，如何得到一个合理的基线估计结果，是当前环境损害评估中一个重大的问题。

3.2 生态环境基线评估的相关研究

生态环境基线用作一个环境损失确定的衡量标准，因此对于基线的研究与相应的生态环境估计方法密不可分。美国国家海洋和大气管理局在进行石油扩散相关损害估计的研究时，一般按传统的方式会采取生态等价分析（habitat equivalence analysis，HEA）方法来估计损失修复（NOAA，1997，2008）。而HEA方法的思路是按照环境功能替代进行损失估计的，因此，在这种思路下的生态环境基线的估计一般不考虑经济价值，仅考虑生态功能替代。在这一思路下衍生出历史数据法、参考点位法、环境标准法及模型推算法等一系列以生态环境物理状态为衡量标准的基线衡量体系。但部分对社会经济发展来说具有重大意义的资源损失估计，生态系统服务估值（ecosystem services value，ESV）会较为合理，转化为货币也易于比较，便于衡量环境资源需求方变动所产生的影响。这一方法转变也使得基线的估计出现了新的估计思路，即将一些社会经济因素纳入估计范围，不仅关注生态环境的物理状态受到环境污染事件的影响，同时将环境污染事件对人口的改变、对进出口的影响等因素纳入基线变动的考虑范围。

目前，基线估计可以从这两大不同的损失估计思路入手，开展不同的估计方法。但二者在一定程度上既相互区别，也相互补充，环境经济学作为交叉学科也需要对二者都有一定的了解。在中国环境损害鉴定评估中，基线也称生态环境基线，是指环境污染或生态破坏行为未发生时，受影响区域内生态环境的物理、化学或生物特性及其生态系统服务的状态或水平。

3.3 传统的基线估计方法

现行的基线估计方法大多是以估计区域的自然生态属性及自然环境生物丰度来衡量基线水平。国际上关于环境损失评价的基线确定方法暂时没有一个共识性的规范方法。但较为常用的方法包括：历史数据法、参考点位法、环境标准法和模型推算法四种（Kennedy and So-Min，2013）。四者之间的差异比较见表 3.1。

表 3.1 环境损失评价基线确定的传统方法

方法	依据	优点	缺点
历史数据法	受损地区的历史信息	损害评估结果准确	历史数据较难获取
参考点位法	相似条件下未受污染地区对比	直观、易于理解	相似地区选择标准多元化；调查周期长
环境标准法	环境标准值	简便	现行环境标准确定缺乏说服力
模型推算法	构建的模型	易于控制、简化现实	需要大量数据；可用模型较少

3.3.1 历史数据法

历史数据法以环境污染事件发生之前的区域状态作为参照，采用描述所估计区域环境污染事件发生前的地理特性的历史资料和相关数据作为该地区的基线数据。历史数据是指能描述所评估区域历史状态的直接资料，以及能够证明所评估区域特定价值的其他信息。在理想状态下，用该方法得到的基线估计数值来衡量损害程度是比较具有实际意义的。

但是，作为一种较为理想的方法，其必然存在一定的局限性。第一，在通常情况下，历史数据是较难获得的。除非设立相关制度来定期进行环境指标测算，否则无论是政府部门还是相关机构都是在环境污染发生之后才会关注受害地区的资源水平。第二，数据结构可能不匹配。许多事前检测数据并不是以环境损害作为采集目标，因此无论是统计口径还是测量指标都与以环境损失为目的的基线测定存在偏差，从而使得已有的历史数据较难满足生态环境基线测定的要求。第三，动态变化导致历史数据失去意义。由于环境数据无法实时统计，在历史数据采集至环境损害发生的时间区间内，所测区域环境水平存在变动的可能性，这也会导致历史数据较难应用于受损区域基线的测定。除了以上总结的局限性之外，测量误差、指标的科学性等也都是影响历史数据法的重要因素。

历史数据法可参考地理统计的方法对基线水平进行估计。以克里金法为例，在已知周边一定范围历史数据的情况下可估计某未知地区的基线水平。克里金法可视为一种对多元线性回归模型的改进。普通多元线性回归模型方程为

$$Y = \beta_0 + \beta_1 X_1 + \beta_2 X_2 + \varepsilon \tag{3.1}$$

其中，Y 是待估地区的某指标的基线水平，而 X_i 是估计基线水平的预测变量，ε 是一个随机误差项，则多元线性回归模型在笛卡儿坐标系中可改写成

$$Y_{0(u_0,v_0)} = \beta_0 + \beta_1 X_{1(u_1,v_1)} + \beta_2 X_{2(u_2,v_2)} + \cdots + \beta_N X_{N(u_N,v_N)} + \varepsilon_{0(u_0,v_0)} \tag{3.2}$$

其中，u 和 v 是一个笛卡儿坐标系，而 $X_{1(u_1,v_1)}, X_{2(u_2,v_2)}, \cdots, X_{N(u_N,v_N)}$ 代表预测变量在 $(u_1,v_1),(u_2,v_2),\cdots,(u_N,v_N)$ 处的取值；误差项 $\varepsilon_{0(u_0,v_0)}$ 是在 (u_0,v_0) 处的随机误差。

克里金法与普通多元线性回归的主要区别在于，独立变量 X_i 代表对应的 Y_i，待估地区的指标 Y_0 可写成其余各地区同样指标的回归形式，如

$$Y_{0(u_0,v_0)} = \beta_1 Y_{1(u_1,v_1)} + \beta_2 Y_{2(u_2,v_2)} + \cdots + \beta_N Y_{N(u_N,v_N)} + \varepsilon_{0(u_0,v_0)} \tag{3.3}$$

其中，N 的取值由研究者根据地区的不同进行判断和确定，系数 $(\beta_0,\beta_1,\cdots,\beta_N)$ 可视为不同地区的赋权。

在一般线性回归中，回归系数通常反映自变量和因变量之间的相关性。在克里金法中，自变量和因变量是相同类型的影响因素，克里金法中的回归系数标示了不同指标值在不同样本地区和预测地区的空间自相关性。

在地理统计中，如果周围地区的某指标值为 0，该估计地区的期望值也应该为 0，所以方程（3.3）没有截距项，是一个过原点的回归模型。在传统多元线性回归模型中，误差项的均值为 0，且方差均为 σ^2。因此，Y_0 的平均估计应该是

$$Y_{0(u_0,v_0)} = \beta_1 Y_{1(u_1,v_1)} + \beta_2 Y_{2(u_2,v_2)} + \cdots + \beta_N Y_{N(u_N,v_N)} \tag{3.4}$$

与传统回归模型类似，方程（3.4）的系数通过最小化残差项进行无偏估计。预测误差用误差项的方差表示，如

$$\hat{\sigma}_{\mathrm{OK}}^2 = \hat{\sigma}^2 + \sum_{i=1}^{n}\sum_{i=j}^{n} \beta_i \beta_j \hat{C}_{ij} - 2\sum_{i=1}^{n} \beta_i \hat{C}_{i0} \tag{3.5}$$

其中，$\hat{\sigma}_{\mathrm{OK}}^2$ 是克里金方差；$\hat{\sigma}^2$ 是样本加权样本方差；$\hat{C}_{ij}$ 是 i 和 j 两个地区之间的协方差；$\hat{C}_{i0}$ 是第 i 个观测地区和待估地区之间的协方差。为了得到协方差的估计，地理统计假设协方差描述了关于污染物空间分布随机函数的空间自相关结构，而空间自相关性可以通过变量图得到。随机方程空间子相关性的刻画通常包括两个步骤：①得到一个半变量图；②用这种半变量图对研究点进行回归。半变量图通常用以下方程来刻画：

$$\gamma(h) = \left(\frac{1}{2N(h)}\right)\sum(y_i - y_j)^2 \tag{3.6}$$

其中，$\gamma(h)$是关于独立距离 h 的变量图；$N(h)$是动态函数；y_i和y_j分别是 i 和 j 地区的相应指标值。这种平方差的形式实际上衡量了不同地区的方差。方程（3.5）中的协方差可根据$\gamma(h)$来计算，即只要将变量图中的值从样本方差中减掉就可以了，进而可以算出对应的系数$(\beta_0,\beta_1,\cdots,\beta_N)$，并通过方程(3.4)可得到待估地区的基线水平。

总体来说，这种克里金法包含三个步骤：①根据半变量图可以估计出空间自相关结构，得到方程（3.5）中的协方差；②根据得到的协方差计算出克里金权重；③将权重代入方程（3.4）可得到待估地区的基线水平。值得注意的是，在克里金法中，一个变量图一般用于估计整个地区，或该地区的一部分，但是每次估计要有不同的回归方程。克里金法不确定性的常用评估方法是克里金方差，可通过一个假设的正态分布计算克里金估计值的单边置信区间：

$$(1-\alpha)\text{UCL} = Y_{(u_0,v_0)} + \sqrt{\hat{\sigma}_{\text{OK}}^2} \times z_{(1-\alpha)} \tag{3.7}$$

其中，$z_{(1-\alpha)}$是标准正态分布在$1-\alpha$处的逆分布，并且$1-\alpha$是选定的置信区间。克里金方差$\hat{\sigma}_{\text{OK}}^2$是关于权重$\beta_i$、$\beta_j$和协方差$\hat{C}_{ij}$、$\hat{C}_{i0}$的函数，但与所在地的基线估计值或其他观测点的值无关。因此，克里金方差仅仅是关于地理位置距离的函数，在不同的观测点可以假设误差项的方差为常数。

3.3.2　参考点位法

参考点位法是指选择生态环境类似的一组（若干个）可比的未受到环境污染损害的参考点位来作为受损地区的对照，利用对照地区的历史数据或即时数据与待估区域进行数值比较。目前在发达国家的环境损失评估中，该方法作为历史数据法的补充，也是非常重要的。其不仅具有学术讨论的价值，在应用方面也具备很强的应用意义。

在使用参考点位法时，也需要遵循一些基本要求。首先，最基本的是选择的参考区域要在生态特点上与所评估区域相似，并且要保证没有受到所评估区域的污染影响。其次，在两者比较时，对照区域基线数据的采集方法应该与所估计区域的数据采集方法具有相似性。最后，对照区域的数据需要与权威文献或权威机构测量的类似地区数据进行比对，来保证数据的准确性和可靠性。

但同样地，参考点位法也存在一定的局限性。首先，参考区的选择较为有限，甚至可能找不到可比的对照组；其次，不同地区之间的差异难以分辨究竟是由污染事件造成的还是其他因素造成的；最后，由地区差异导致的自然因素干扰也会影响参考区域对所评估区域的反映。

3.3.3　环境标准法

环境标准法以国家环保相关部门或地方环保相关部门颁布的环境指标作为评估参考，将相关部门法规所规定的基准值或者修复目标作为基线水平，以偏离该基准值的大小来衡量损失程度。无论是国内还是国际上，有许多现实案例都是采用这种方法来确定环境是否受到损害，并且据此来确定损害量是多少。利用这一方法，也能在后续开展损失修复和经济赔偿等工作时提供指导依据。

尽管环境标准法是最常用也最简便的方法，但是不可避免地存在一定的局限性。因此，在应用环境标准法时需注意以下问题：第一，环境标准需要注重时效性，避免采用过期的参考标准。一方面，自然环境会随着时间的推移发生变化，从而导致参考标准发生改变；另一方面，技术的进步及人们生活品质追求的提高都会使得相关环保部门改变环境标准。第二，环境标准多元化，需要确定清楚针对的估计对象，避免造成指标的误用或者混用，从而影响估计的可靠性。

3.3.4　模型推算法

模型推算法是指通过对污染地区调研，利用大量的已有数据构建出污染物与生物量、生态丰富程度等生态环境衡量指标之间的剂量-反应预测模型，从而揭示出自然状况下的生态环境应有的结构体系。

模型推算法是现在学术领域关注的估计重点，尽管其能够得到一个确定的基线水平，但是也需要注意应用的范围。在基线估计模型中，必须注意模型的逻辑严密性和科学性，这是保证估计结果合理可行的重要支撑。模型推算法也存在一定的局限性，包括场景变动、模型不稳定及参数不确定性等问题。因此，在使用模型推算法时，需要使用其他的方法和信息来辅助判断结果的准确性。

3.4　基于生态系统服务估值方法下的基线估计

3.4.1　概述

相较于传统的估计方法，许多研究学者开始逐渐强调生态系统服务估值在环境损失评价中的作用。其中，生态系统服务功能是指生态系统在自然过程中形成的、可以提供人类生存和生活条件的自然环境。这些生态系统服务由自然资本构成，并与非自然资本结合形成人类的福利。而这种基于生态系统服务估值方法下的基线确定相较于传统的基线估计方法，更希望能够确定一个经济价值，以一般等价物的形式来使得我们能够确定如果出现相应的环境损害，究竟造成了多少货币形式的损失。

然而生态系统提供的服务具有一定特殊性，其并未形成一个完善的有效市场，并且它没有被纳入国民经济核算体系，因此无法和其他类型的经济服务进行量化比较，从而出现市场失灵的问题。为此，我们确定了一系列方法来衡量无法或者较难进入市场的资源的价值，而非直接观察其在市场中的货币价值。

在资源与环境经济学现有文献中，有很多测量生态系统服务功能的方法。其中一些技术是基于实际观察到的行为数据，包括从代理市场间接推断的一些方法。也有一些其他技术是基于假设数据而非实际数据，即根据人们对假设的情景的反应来推断现实中的情况。这种方法与基于行为的方法有着明显的不同，这类方法一般被称为显示偏好技术。在这些估值方法中，有些估值方法适用范围广泛，有些针对具体问题，也有一些是针对特定问题。在私人市场商品的情况下，所有估计生态系统服务的经济价值方法的一个共同特性是基于福利经济学。这些衡量福利变化的方法往往在于反映人们损失该资源后愿意接受的补偿或者愿意为享受这种服务支付的价格。而这些估值方法大多数是一个两步的过程。

第一步，估值服务的确定。这包括服务的性质和服务的规模、生态系统变化会如何影响这些环境功能、服务的受益者、受益的途径、其他的替代选择。第二步，依据这些信息建立生态系统可能提供的各类服务的不同种类之间的权衡。因此，第一步本质上是量化这种生态系统服务下的生物物理关系。第二步相对较为简单，即将这种影响转化为货币形式。

3.4.2 生产函数法

这种方法具有广泛的适用性和灵活的数据适用调整的特点，因此也是使用最广泛的估值方法之一。其由因果跟踪链关系推断生态环境变化产生的影响。这些影响往往反映在商品或者服务方面，有助于人类福利水平的提升，往往这种情形下的估值较为简单。具体的估值步骤取决于具体的服务功能类型，但通常都是较为直接的。以水资源供给变动为例，因为农作物具有比较活跃的市场，所以水资源减少造成的灌溉作物生产的净价值减少是很容易估计的。需要注意的是，在使用这种方法时，也要注意数据是总值还是净值，因为总值中会忽略生产成本，所以会造成影响高估的情况。

相对来说，不可销售的或者市场中相对较不活跃的商品及服务所观察的价格是不可靠的指标，这种情况下的估值就会变得更加复杂。例如，我们考察水文变化对人类用水产生的影响，如果仍然用因果跟踪链从数量和质量两方面考察消费者福利受到的影响是比较困难的。因为水费一般是向消费者收取，并且水费通常并不是通过市场供求而是通过国家设定来决定的。另外，根据经济学中的边际效用理论，我们知道在水资源充足时，人们的支付意愿较低；而水资源稀缺时，人们的支付意愿较高。在这种情况下，如果像其他情形一样取均值，则结果会有偏差。

因此，如果考察水文变化对人类福利产生的影响，我们可以通过替代成本法、价值评估法、剂量-反应函数构建等方法来考察。但是也有一些环境生态功能对人类日常活动产生的影响是相对无形的，如自然风光观赏等。近年来，为了解决这一方面估值的困难，研究者也一直在努力发展新的技术来进行评估，其中也出现了包括享乐价格法、旅行成本法或价值评估法。

3.4.3　人力资本法和疾病成本法

由于污染水平的提高，人类健康水平下降，从而导致发病率提高。因此，在估计环境污染损失时可以采用医疗费用、收入损失等其他相关费用变动来衡量环境变动带来的损失。该方法假定个人将健康视为外生的，并且个人无法采取防御性的行为来降低健康风险的成本，如安装空气净化器、污水过滤系统等。

基于这一思路，我们可以在估计基线时，确定一个污染事件出现之前的发病率水平，以该成本作为环境未受到污染时的基线水平。而人力资本法的思路是将疾病成本法扩展到污染造成有关死亡的相关成本。类似于生产函数法，以人类预期终生收入代替生产力的销售价格，与生产函数法的差异在于采用人力资本法评估的损失的生产力是人类而非其他生产资料。

3.4.4　替代成本法

替代成本法是指在估计损失值时以替代该环境资源提供的服务所需要产生的成本来估计环境污染损失的一种方法。例如，如果生态系统的改变降低了水过滤服务，我们就需要额外成本来处理水，使其能够满足使用所需的标准。这一方法的基本假设是环境污染带来的损害的性质和资源损失程度可以通过一个准确的损失函数进行刻画，同时更换或恢复受损资源的成本也可以合理的精度进行估计，并且进一步假设替代或修复成本不超过服务本身的经济价值。

在使用替代成本法时，所针对的服务一般是供给服务，显然，由于人类科技本身的局限性及精神层面活动的不可比性，其在调节服务、文化服务方面是没有使用空间的。在供给服务中，以替代服务的成本为损失估计水平，因此在计算基线时可以采用传统的基线估计方法，根据历史数据得到之前的供应水平，并通过市场价值法来得到相应的基线水平。

值得注意的是，在许多可用方法中，通过替代来解决环境服务损失的方法实际上是所有方法中成本最低的一种，因此基于这种方法得到的环境损失水平一般是一个下界的估计值。

3.4.5 条件价值法

条件价值法：采取陈述偏好（stated preference，SP）法直接询问消费者获取环境服务的支付意愿，通常以调查问卷的形式对所涉及的服务、提供的途径进行详细的描述，以使被调查者充分了解所面对的情形。具体的支付意愿问题设置方法有许多种，可以直接让受访者说出一个数字，从选项中选出数字或者以反向问题的形式询问他们受到损失后愿意得到的补偿。

原则上，只要问卷设置合理，调查问题提出得当，条件价值法可以被用于估计任何环境价值。此外，因为它不仅限于可以从调查结果推断偏好，也可以有针对性地得到生态系统变化造成的具体福利波动，以及生态系统服务的基线水平。但是这种调查方法需要相当详尽地描述所调查的资源并且需要广泛的问卷收集，因此条件价值法往往是非常耗时的。尽管采用该方法可以得到许多细致且精确的结论，但是在问题设计上有非常多的要求，否则会出现高估或低估损失水平的问题。

3.4.6 选择建模

选择建模有时也称选择实验，是一种比较新的获取陈述偏好的方法。其核心是调查问卷设计，调查问卷涉及环境资源状态和属性两个层次的选择。它要求受访者从一组备选方案中选择他们偏好的选项，并由属性确定不同的答案，包括支付意愿、备选方案等。这种选择建模的好处是研究者可以从状态和属性两方面综合确定所估计的价值。

选择建模相较于市场观察存在以下几个优点：变量控制在于实验者而非市场水平下产生的低水平控制，控制的设计产量统计效率更高；属性范围比在市场上进行数据选择更为广泛；引进或删除服务、属性都比较容易完成。但也存在一定的局限性，其缺点在于反应是假想的，因此会有假设偏差的问题，并且可选属性具有许多复杂的可能性。另外，基于选择建模的计量经济学分析也是比较复杂的。

3.4.7 利益转移法

利益转移法并不直接估计某一次事件本身的损失值，而是通过该污染事件在其他任一方法下获得的估计值进行推广。例如，估计游客在一个野生公园观看动物获得的收益的估计值可以用在另一个野生公园观看动物的收益上。另外，在一个案例中用来估计的函数关系，也可能经过一定的特殊变换（效益转移函数）适用于情形相似的另一个案例。

由于其经常被不当使用，利益转移法一直是环境经济学中相当有争议的主题之一。目前潜在的使用共识是在某些条件下，新出现的利益转移可以较为有效和可靠地估计。这些条件包括：要求所估计的商品或服务类型与对照类型非常相似，受益人口非常类似。

3.5　影响基线水平变动的社会经济因素及其刻画

基于以上方法，可以将基线转化为货币的衡量形式，在这种优良的货币衡量形式下，可以进一步加入其他的社会经济因素，来探讨在生态系统服务中影响基线波动的非自然因素。

3.5.1　识别价值变动趋势

相较于生态系统服务这种方法来说，传统的环境经济价值估计过程较难从需求侧刻画内生变量和外生变量变化对环境价值及基线估计所带来的影响。这是因为生态环境基线水平可能在短期内并不是一个常数，这一方面来自正在发生的环境恶化或修复、外生冲击或者其他的不可观测因素；另一方面来自一些影响环境服务需求的重要变量变化值通常不是一个常数，并且具有一定的可预期趋势，如人口、收入等。如果这些重要的社会经济变量发生波动，这对生态环境基线必然造成影响，并进一步影响合理的修复补偿规模的确定。

不同于生态系统服务基线数据，人口、收入及生态系统服务的市场价格等数据是比较容易获得的。因此，一些生态系统服务的估值方法会首先采用这种类型的数据。例如，以概率期望的方式估计调节服务受到损害的价值时，可以以人口、地产库存及其他资本量作为补充说明量。另外，许多生态系统服务（一些可直接观测到对需求方直接影响的服务类型）在受到污染时，其需求侧的影响相较于供给侧影响在刻画时更具实际意义。然而，其他一些社会经济变量（如娱乐活动参加率、人们对娱乐功能及非使用功能的支付意愿）对数据收集工作的要求会更高一些，最好从损害发生时就能得到数据。

我们有许多依据来支撑为什么社会经济因素变动会导致生态系统服务基线变动或者产生某种变动的趋势。例如，许多生态系统服务都是公共品或者半公共品，这就使得其具有了一定程度的非排他性和非竞争性，从而会受到一些社会经济因素变动的影响。而识别这种基线价值变动的趋势也是十分重要的。以人口因素为例，非竞争性生态系统服务包含直接使用性服务和非使用性服务，这两种类型的服务都会受到当地人口数量的影响，如果在生态环境受损时人口数量增长，那么实际上这种基线价值的估计也会上升。一旦这种趋势没有被很好地识别出来，这种损失的估计值将会产生很大的误差，并且相应的补偿也不能合理地补偿公众损失。

3.5.2　从供给侧和需求侧同时考虑环境污染的影响

尽管环境损害通常被认为是对自然资源造成的损害，但是《1990 年油污法案》提供了更为宽泛的解释（例如，油污扩散导致渔场关闭进而造成的收入损失等）。这种解释很好地为我们将社会经济因素纳入需求方考虑提供了非常重要的支撑。以原油泄漏为例，其对海产类食品需求量及沿海地区居住人口变动的影响是十分巨大的。实际上，由于消费者对自身生活安全及健康情况的关注，即使还没有确凿的科学证据证实原油泄漏对海产品造成的污染到什么程度，人们也会减少或者避免对海产品的消费。这是原油泄漏的污染对生态系统服务功能需求侧带来的直接影响。

另外，除了这种供给型功能会遭受影响之外，娱乐型功能也会在环境污染发生时受到影响。例如，石油泄漏会对沿海海域或海滩的游览带来负面的冲击，这就会降低对海岸地区的娱乐功能估值水平。以图 3.1 为例来说明需求侧对环境估值水平的影响。

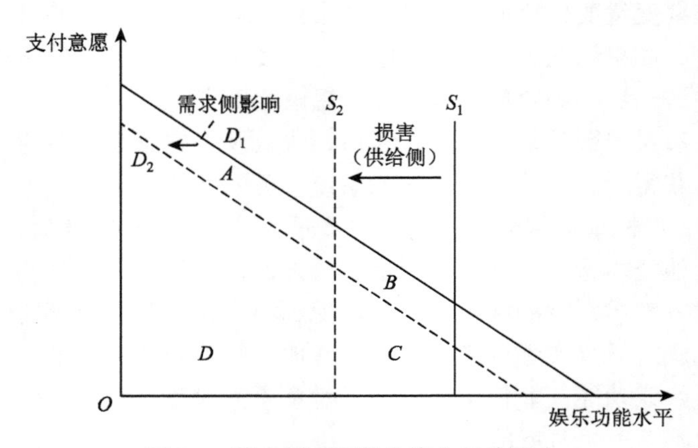

图 3.1　需求侧对环境估值水平的影响

S_1 代表在污染发生之前的生态系统服务的供给水平。人们对于相应服务的支付意愿在图 3.1 中由一个负斜率的需求曲线来刻画，其含义是人们从相应服务中获取的边际效益递减。在污染发生之前，人们对这种生态系统服务的需求曲线为 D_1，而供给曲线为 S_1，因此在污染发生之前总的福利水平为 $A+B+C+D$。而在污染发生之后，生态系统服务水平降低至 S_2，并且净福利水平降低至 $A+D$。然而，除了这种影响之外，实际上，人们会减少对这种生态系统服务的消费，需求曲线也会受到影响。图 3.1 中表现为，关于支付意愿/需求的曲线会向左移动，即从 D_1 移向 D_2，从而导致更多的福利损失（区域 A）。如果这种影响被忽略，这种环境污染所导致的损失就会被低估。这种过程在价值化的生态系统服务中以图像的形式刻画。在这种情况下，区域 A 代表这种环境污染所带来的中间损失。同时，图 3.1 中也反映了这种污染的直接冲击，以区域 B 表示。因此，总的中间损失可以表示为 $A+B$。

3.5.3 社会经济因素变量的引入

如何将这种社会经济因素内生化是一个非常重要的问题，我们认为可以分以下三步。第一步，在环境损失发生时，交叉学科的各学科专家小组应该寻找出在本次环境污染中最容易影响的资源及最重大的社会福利损失。这种服务确定并不要求生态污染发生的地点要完美地与服务对应起来，只要得到并刻画出一些与这些受损地区连接较为紧密的服务类型即可。第二步，专家小组应该确定对于生态环境估值来说重要的生态和社会经济指标，并且确定样本所需的规模及范围。第三步，尽早进行数据采集及市场调查。尽管在现阶段我们无法很快地在大范围内采用 ESV 的方法进行环境损失评估，但实际上我们可以在一些案例中进行实验测算。

参 考 文 献

Kennedy C J，So-Min C. 2013. Lost ecosystem services as a measure of oil spill damages：a conceptual analysis of the importance of baselines. Journal of Environmental Management，128：43-51.

NOAA. 1997. Natural Resource Damage Assessment Guidance Document：Scaling Compensatory Restoration Actions (Oil Pollution Act of 1990). National Oceanic and Atmospheric Administration：Silver Spring.

NOAA. 2008. Gulf of Mexico at a Glance. National Oceanic and Atmospheric Administration：Silver Spring.

第 4 章　生态环境损害价值评估方法

随着社会经济的发展和人们生活水平的提高，环境损害问题逐渐凸显，给社会福利和经济发展都带来不利影响，并受到政府和社会各界的高度重视。对环境损害引起的损失进行经济评估，将其成本和效益进行对比，是科学决策和可持续发展的一项基础工作。环境损害经济学评估就是对环境和自然资源提供的商品和服务进行价值计量和货币化，通过一定的手段对环境（包括组成环境的要素、环境质量）所提供的物品或服务进行定量评估并以货币形式表现出来。环境损害经济学评估的基础是衡量人们对环境物品或服务的偏好程度，即人们对于环境改善的支付意愿或者忍受环境损害的补偿意愿。

环境资源的价值由两部分构成：市场价值和非市场价值。一般市场价值可以直接衡量，不易被忽视；而非市场价值恰恰相反。非市场价值评估研究经历了揭示偏好（revealed preference，RP）法和陈述偏好法的发展，研究领域从水资源、森林资源等扩展到土地、房屋等各个方面，有关非市场价值评估的案例也日益增加。总体来说，环境损害经济学评估方法主要有市场价值法、揭示偏好法、陈述偏好法和效益转移法。

4.1　市场价值法

市场价值法也称生产力损失法，它是根据生产率的变化情况来评估环境质量变化所带来的影响。市场价值法把环境质量看作一个生产要素，环境质量的变化导致生产率和生产成本的变化，从而导致产量和利润的变化。产量和利润是可以用市场价格来衡量的，从而可以通过市场价格评估环境损害修复成本或改善环境可带来的效益。如果市场价格不能准确反映产品或服务的稀缺特征，一般通过影子价格进行调整。

4.1.1　市场价值法的产生和发展

市场价值法是直接通过物品的相关市场价格获得支付意愿，该方法假定市场价格反映了资源的稀缺性和人们对生态系统服务功能的需求水平。市场价值法是最早应用的环境损害评估方法，为其他方法的发展奠定了基础。1970 年，联合国大学在《人类对全球环境的影响》报告中首次提出生态系统服务功能的概念，生态系统服务价值的评估开始流行起来。1997年，Costanza等对全球主要类型的生态系统服务功能价值进行了评估，揭开了生态系统服务功能价值研究的序幕。随后，学者基于全球、流域、单个生态系统及物种等多个尺度，对生态系统服务价值进行了评估。

受Costanza等（1997）的研究的影响，国内的研究多以市场价值法为主。从1980年以来，国内学者采用市场价值法对环境污染损失计量、环境效益评价、自然资源定价、生物多样性生态价值等进行了评估。傅绥宁和王建国（1987）运用影子工程法、投标博弈法评估了三峡工程的生态环境损失；过孝民和张慧勤（1990）评估了全国环境污染的损失；何德炬和方金武（2008）运用市场价值法对建设项目的环境影响和环保措施效益进行了评价；宋赪等（2006）用市场价值法、人力资本法对西安市水污染、空气污染和固体废弃物污染进行了经济损失评估；李晓光等（2009）运用机会成本法对海南中部山区的生态补偿标准进行了探讨。

4.1.2　具体形式和分类

市场价值法是通过观察或度量环境质量变化带来的商品或服务的生产率或价格的变化，对环境损害的经济损失进行评估，可用供求关系表示。假定个人收入、相关商品和服务价格、个人习惯喜好等需求影响因素不变，需求曲线是对人们利用资源的系统性衡量。图4.1表示普通商品的需求-供给曲线，*pbqc*为消费者的实际支出，*cbq*为生产者实际投入的成本，则*abp*为消费者剩余，*pbc*为生产者剩余或者净租金。图4.2表示环境资源的需求-供给曲线。环境资源提供的服务通常是

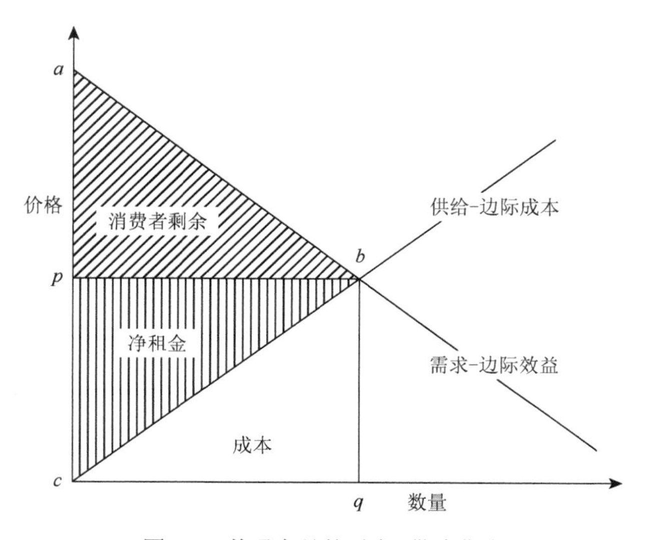

图4.1　普通商品的需求-供给曲线

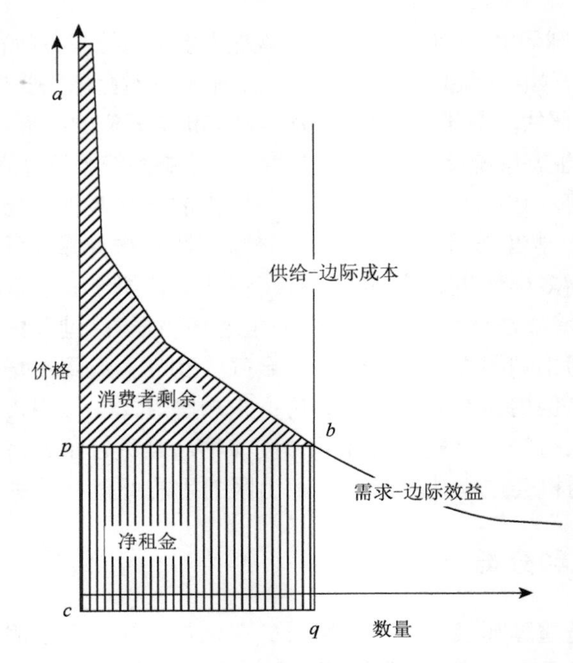

图 4.2 环境资源的需求-供给曲线

不变的，其供给曲线不受市场经济的控制。当环境资源提供的服务无限少时，消费者剩余接近无限大。根据环境资源服务/功能可获得的市场信息，可分别通过以下指标对其价值进行评估：①总的生产者和消费者剩余，即图 4.1 中的 *abc* 部分(不包括生产成本)；②生产者剩余；③价格乘以数量，即图 4.1 中的 *pbqc* 部分。假设环境资源服务的需求曲线如图 4.2 所示，*pbqc* 可作为 *abc* 的一个保守估值。当环境受到损害时，环境资源供给数量减少或质量下降。供给数量的减少表现为供给曲线的左移，使 *pbqc* 的面积减小。供给质量的下降表现为价格的下降，虽然供给曲线不变，*pbqc* 的面积仍会减小。生产者剩余或者净租金的减少即为环境损害的成本。

通过供给量或价格变动评估环境损害的方法是最基本的一种市场价值法，可称为剂量-反应方法。若考虑的是环境损害对物的影响，该方法表现为生产率变动法；若考虑的是环境损害对人的影响，该方法则表现为人力资本法或疾病成本法。当一项商品或服务无法直接获得市场价格时，可通过该项资源被占用而放弃的最大机会成本评估该项资源的价值，即机会成本法。在没有市场价值的情况下，基于相同的功能实现，用影子工程法等可以将该项服务转换成可以用市场价格表示的商品，如森林的水源涵养功能可以用修建新水库的成本代替。

4.1.3　生产率变动法

生产率变动法主要用于评估农业、渔业等可直观观察到的产品损失。环境质量被看作一种生产要素，环境质量的变化会影响生产率和生产成本，因此可通过观测市场产量和价格的变化评估环境损害成本。例如，水污染会使水产品产量或价格下降，给渔民带来经济损失。假设环境变化带来的经济影响体现为净产值的变化，则环境损害成本可用以下公式评估：

$$E=\left(\sum_{i=1}^{k}p_iq_i-\sum_{j=1}^{k}c_jq_j\right)_{\mathrm{x}}-\left(\sum_{i=1}^{k}p_iq_i-\sum_{j=1}^{k}c_jq_j\right)_{\mathrm{y}}$$

其中，p 是产品的价格；c 是产品的成本；q 是产品的数量；$i=1,2,\cdots,k$，表示产品；$j=1,2,\cdots,k$，表示投入；下标 x、y 分别表示环境变化前后的情况。

以森林砍伐造成的水土流失损害为例，评估步骤如下。

（1）估计环境变化对具体对象的实际影响程度及范围，如森林砍伐使土壤损失 3%，受影响区域有 $100\mathrm{hm}^2$。

（2）估计该影响对成本或产出的影响，如土壤减少 3%会导致玉米减产 2%，未受影响之前，产量为 $7500\mathrm{kg/hm}^2$，则产量损失 $150\mathrm{kg/hm}^2$。

（3）估计成本或产出变化的市场价值，假如玉米的市场价格为 1.0 元/kg，小范围的产量变动不对总体价格产生影响，那么森林砍伐造成的损失为 $150\mathrm{kg/hm}^2\times1.0$ 元/kg$\times100\mathrm{hm}^2=15\,000$ 元。

4.1.4　人力资本法或疾病成本法

环境状况的变化会影响人类的健康，造成疾病、过早死亡及精神或心理损害等，带来生产损失、医疗成本和收入损失。疾病成本法和人力资本法主要用于评估环境损害对人体健康的影响及所产生的治疗费用、误工费用和收入损失。疾病损失成本可用如下公式计算：

$$I_{\mathrm{c}}=\sum_{i=1}^{k}(L_i+M_i)$$

其中，I_{c} 是由环境质量变化导致的疾病损失成本；L_i 是第 i 类人由于生病不能工作所带来的平均工资损失；M_i 是第 i 类人由于环境质量变化多出的医疗费用。

过早死亡所带来的损失可采用如下公式计算：

$$V=\sum_{j=1}^{T-t}\frac{\pi_{t+j}\times E_{t+j}}{(1+r)^j}$$

其中，π_{t+j} 是年龄为 t 的人活到 $t+j$ 的概率；E_{t+j} 是在年龄为 $t+j$ 时的预期收入；r 是折现率；T 是从劳动力市场上退休的年龄。

评估环境变化对人体健康的影响，具体步骤如下。

（1）识别环境中可致病的特征因素，确定污染物的量。

（2）确定污染下的疾病发生率和过早死亡率。

（3）评价处于风险中的人口规模。

（4）使用治疗成本、收入损失和生命损失估计患病和过早死亡的成本。

这两种方法在应用中仍存在以下困难：人体健康受多个动因相互作用影响，致病因子难以区分和确定；个人的健康程度不同且分布复杂，致病因子的影响强度与范围难以确定；对于没有参与生产的人群，其损失难以直接估计；药品价格、医生工资等存在扭曲和不确定性，会影响环境损害评估值的准确性。

4.1.5 机会成本法

用于满足人们各种欲望的资源是有限的，当资源被用于满足人们某一方面的欲望时，人们失去了其他可能获得效益的机会。资源在其他使用方案中能给人类带来的最大经济效益称为资源选择方案的机会成本。机会成本法是用环境资源的机会成本来计量环境质量变化所带来的经济损失，特别适用于评估具有唯一性特征自然资源的开发项目。环境损害一般可通过多个环境修复项目来评估经济损失，使环境质量恢复到损害前的水平。但环境修复方案一般会耗费大量资金且不易更换撤销，故需预先确定唯一的修复方案，而修复成本即为环境损害的经济成本。对于修复成本无法确定的方案，其最大机会成本可看作修复成本。

假设资源 M 有 A、B、C、D 四种使用方案，A、B、C 三种方案获得的效益分别为 1000 元、2000 元、3000 元。若采取 D 方案，则 A、B、C 方案失去了使用 M 资源获得效益的机会。其中，D 方案将放弃的最大经济效益为 C 方案的 3000 元，可作为 D 方案使用 M 资源的最大机会成本，所以可用于评估 M 资源的价值。

机会成本法的应用需注意以下问题。

（1）确定机会成本需要寻找相应的替代工程，如土地或者水资源的机会成本等，不同替代工程的机会成本存在一定差异，所以选取合适的替代工程是机会成本法的关键。

（2）机会成本的确定不能只关注当期决策，需考虑一个周期或者更长时期的决策。

（3）替代工程的选择应考虑风险对机会成本的影响，以及对资源价值评估准确性的影响。

4.1.6　影子工程法

影子工程法是指当环境受到污染或破坏后，人工建造一个工程来代替原来的环境功能，建造新工程的费用可作为环境损害成本的估计值，如下式所示。

$$V = f(x_1, x_2, \cdots, x_n)$$

其中，V 是需要评估的环境资源的价值；$x_1, x_2, \cdots, x_n$ 是替代工程中各项目的建设费用。

例如，由河流枯竭造成的航运损失，可通过陆路运输的替代成本来评估。替代的陆路运输成本和具有同等运输力的公路的修建成本可看作河流的航运价值。假设河流一年的运输力为 100 万 t，汽车运输换算吨公里的运输成本为 1500 元，水运换算吨公里的运输成本为 300 元，两种运输方式的换算吨公里成本相差 1200 元，所有替代成本为 1.2 亿元。此外，修建一条新的公路所需要的成本为 20 万元/km，修建 100km 才能满足同等运输力，共耗费 2000 万元。因此，河流的航运价值为 1.4 亿元。

采用影子工程法将难以计算的生态价值转换为可计算的经济价值，使不可量化的问题可量化。该方法可用于解决以下问题：由水污染引起的损失可通过在远处建立一个新建水源的投资费用评估，森林资源的涵养水源功能可通过新建水源的费用衡量，土地资源受损带来的发电量损失可通过建设同等淤积体积的水库库容的成本进行估计。

影子工程法的应用需注意以下两个问题。

（1）替代工程的非唯一性。实际的替代方法很多，在考虑时为了尽可能减少偏差，应该多做比较，选取最适合的替代方法。

（2）替代工程与原系统功能的异质性。替代工程只是与原系统功能近似，所以实际的评估还是存在一定偏差。

4.1.7　市场价值法的适用条件

市场价值法建立在实际的市场价格基础之上，需要有充足的实物数据和具体的市场价格，其应用需具备一定的条件。首先，环境质量变化直接增加或者减少商品或服务的产出，这种商品或服务是市场化的，或者是潜在的、可交易的，甚至它们有市场化的替代物。其次，环境影响的物理效果明显且可以被观察，或者能够用实证方法获得。此外，外部条件需保证市场运行良好，价格是产品或服务经济价值的一个良好指标。

市场价值法的应用应注意以下问题。首先，市场价值法很难估计对环境造成影响的活动与产出、成本或损害之间的物理关系。其次，在确定对受者的影响时，通常很难把环境因素从其他影响因素中分离出来。此外，当环境变化对市场产生明显影响时，需要对市场结构、弹性、供给与需求反应进行比较深入的观察，需要对生产者和消费者行为进行分析，同时也要考虑市场与消费者的适应性反应。

在发展完善的产权市场中，人身、财产损害可以通过实际的市场价格进行评估，但自然资源的市场外部性和公共物品属性使其通常无法通过市场价格反映价值。市场价值法一般可用于解决以下问题：土壤侵蚀对农作物产量的影响，以及泥沙沉积对下游地区使用者造成的影响；酸雨对农作物和森林的影响，以及对材料和设备造成的腐蚀等；空气污染通过空气中的有害物质对人体健康的影响及由此造成的损失；水污染对人体健康造成的影响；砍伐森林对气候和生态的影响。

4.1.8 市场价值法的应用

1. *在农业环境污染事故中的经济损失评估*

1）农业生物产量经济损失估算

$$L_{\mathrm{y}}=\sum_{i=1}^{n}(D_i\times a\times A_i\times P_{\mathrm{y}i}-F_i)$$

其中，L_{y}是各类农业生物在污染事故后的经济损失量（元）；D_i是正常年份i类农业生物单位产量（$\mathrm{kg/hm^2}$）；a是i类农业生物受污染事故影响的减产幅度；A_i是i类农业生物受害面积（农业生物单位为$\mathrm{hm^2}$）。$P_{\mathrm{y}i}$是i类农业生物单位产品市场平均价格（元/kg）；F_i是i类农业生物的后期投资（元）；n是污染事故导致产量下降的农业生物种类。

注意事项：

（1）由于市场竞争的不完全、税收、补贴等原因，市场价格有时不等于竞争的均衡价格，分析时应对此进行修正，如把补贴加到价格中。

（2）生产率的变化既包括场内的变化，也包括场外的变化。场内的变化指项目本身引起的生产率的变化，通常包含在项目设计中。场外的变化包括所有的外在环境的生产率的变化、所有的经济效应，这方面的变化往往会被忽视。

（3）必须对生产率变化的时间、计算时使用的价格和相对价格的未来变化作出恰当的假设。

2）农业生物质量经济损失估算

$$L_{\mathrm{q}}=\sum_{i=1}^{n}[(P_{\mathrm{q}i}^{0}-P_{\mathrm{q}i})Q_{\mathrm{q}i}-F_i]$$

其中，L_{q}是污染事故导致农业生物质量下降的经济损失量（元）；$Q_{\mathrm{q}i}$是受污染事

故影响质量下降的 i 类农业生物量（kg）；P_{qi}^0 是指正常年份 i 类农业生物的单位产品市场平均价格（元/kg）；P_{qi} 是 i 类农业生物在污染事故后的单位产品市场平均价格（元/kg）；F_i 是 i 类农业生物的后期投资（元）；n 是污染事故导致质量下降的农业生物的种类。

3）农业环境价值与农业环境损失

环境损失实际上由修复费用和期间损失构成，运用市场价值法计算修复费用，就是将修复材料费、实验测试费、现场监测检测费、人力成本等修复成本加总求和。运用市场价值法计算期间损失，就是估算受污染影响年份内农业生物经济损失。

$$X = B + T + P + M + A + G + U$$

其中，修复费用（X）由修复方案编制费（B）、修复材料费（T）、实验测试费（P）、现场监测检测费（M）、修复效果评估费（A）、监管费用（G）、人力成本（U）等组成。

$$L = \sum_{j=1}^{m} L_j$$

其中，L 为污染事故导致农业环境质量下降的经济损失量（元）；m 是受污染事故影响的年数（年）。

$$L_j = \frac{L_j^0}{(1+r)^j}$$

其中，L_j 为折现后第 j 年污染事故导致农业环境质量下降的经济损失量（元）；r 为折现率，取估算基准年银行一年期贷款利率。

$$L_j^0 = \sum_{i=1}^{n} [(Q_{yij}^0 \times P_{yij}) + (P_{yij} - P_{qij})Q_{qij} - F_{ij}]$$

其中，L_j^0 是折现前第 j 年污染事故导致农业环境质量下降的经济损失量（元）；Q_{yij}^0 是在污染事故后第 j 年 i 类农业生物的减产量（kg）；Q_{qij} 是受污染事故影响质量下降的第 j 年 i 类农业生物量（kg）；P_{yij} 是未受污染的第 j 年 i 类农业生物市场平均价格（元/kg）；P_{qij} 是受污染事故影响的第 j 年 i 类农业生物市场平均价格（元/kg）；F_{ij} 是第 j 年 i 类农业生物的投资（元）；n 是受污染事故影响的农业生物种类。

2. 市场价值法在森林生态系统服务价值评估中的运用

1）供给服务的价值

（1）果品：

$$V_f = \sum_i Q_{fi} \cdot p_{fi}$$

其中，V_f是果品价值（元/a）；Q_{fi}是第 i 类果品的数量（kg/a）；p_{fi}是不同果品价格（元）。

（2）木材：

$$V_t = \sum_{i=1}^{n} Q_{ti} \cdot p_i$$

其中，V_t是森林活立木蓄积量增加价值（元/a）；Q_{ti}是第 i 类树种的活立木蓄积量增加值（m^3/a）；p_i是第 i 类树种林木的活立木交易价格（元/m^3）。

（3）洁净水：

$$V_w = \sum_i Q_{wi} \cdot p$$

其中，V_w是洁净水供给价值（元/a）；Q_{wi}是第 i 类林地洁净水供给量（m^3/a）；p是北京市水资源价格（元/m^3）（取值为 1.1 元/m^3）。

2）调节服务的价值

（1）大气调节：

CO_2调节　$V_c = Q_c \cdot p_c$

O_2调节　$V_o = Q_o \cdot p_o$

其中，V_c和 V_o分别是森林固定 CO_2和释放 O_2的价值（元/a）；Q_c和 Q_o分别是森林固定 CO_2和释放 O_2的数量（t/a）；p_c是森林固定 CO_2的造林成本（取值为 1340 元/tC）；p_o是森林释放 O_2的造林成本（取值为 360 元/t）。

（2）水文调节：

拦截降水（潜在）　$V_p = \sum_i Q_{pi} \cdot c_r$

涵蓄降水　$V_{sw} = \sum_i Q_{swi} \cdot c_r$

其中，V_p是森林拦截降水（潜在）价值（元/a）；Q_{pi}是第 i 类林种的拦截降水总量（t/a）；c_r是水库单位库容成本价格（元/m^3）（取值为 0.1176 元/m^3）。V_{sw}是森林系统涵蓄降水价值（亿元/a）；Q_{swi}是第 i 类林地土壤非毛管孔隙蓄水量（t/a）。

（3）环境净化：

削减 SO_2　$V_{SO_2} = \sum_i Q_{SO_2 i} \cdot c_{SO_2}$

削减氟化物　$V_{HF} = \sum_i Q_{HFi} \cdot c_{HF}$

削减氮氧化物　$V_{NO_x} = \sum_i Q_{NO_x i} \cdot c_{NO_x}$

其中，V_{SO_2}是削减 SO_2的价值（元/a）；$Q_{SO_2 i}$是第 i 类林地吸收 SO_2量（t/a）；c_{SO_2}是削减 SO_2成本（元/t）（取值为 600 元/t）。V_{HF}是削减氟化物的价值（元/a）；

Q_{HFi} 是第 i 类林地吸收氟化物总量（t/a）；c_{HF} 是削减氟化物成本（元/t）（取值为 160 元/t）。V_{NO_x} 是削减氮氧化物的价值（元/a）；$Q_{NO_x i}$ 是第 i 类林地吸收氮氧化物总量（t/a）；c_{NO_x} 是削减氮氧化物成本（元/t）（取值为 134 元/t）。

杀灭细菌 $$V_{bk} = \sum_i W_{bki} \cdot p_s$$

释放负氧离子 $$V_{o^-} = \sum_i Q_{o^- i} \cdot p_m / \beta$$

其中，V_{bk} 是森林杀菌价值（元/a）；W_{bki} 为第 i 类林地释放杀菌素数量（kg/a）；p_s 是大蒜素市场价格（元/kg）（取值为 1 元/kg）。V_{o^-} 是森林释放负氧离子价值（元/a）；$Q_{o^- i}$ 是第 i 类林地释放负氧离子数量（个/a）；p_m 是释放负氧离子空气清净机的市场价格和运行成本（元/台）（取值为 243 元/台）；β 是每台负氧离子空气清净机释放负氧离子数量（取值为 5.4×10^{14} 个/台）。

降低噪声危害 $$V_{rn} = \sum_i L_i \cdot H_i \cdot c_w$$

减少病虫害 $$V_{cp} = \sum_i p_d \cdot A_i$$

滞留灰尘 $$V_{dr} = \sum_i Q_{dri} \cdot c_d$$

其中，V_{rn} 是森林降低噪声的价值（元/a）；L_i 是具有降低噪声功能的防护林长度（m）；H_i 是具有降低噪声功能的防护林高度（m）；c_w 是采用隔音窗户比采用普通窗户增加的成本（元/m^2）（取值为 333 元/m^2）。V_{cp} 是森林防治病虫害价值（元/a）；p_d 是单位面积林地病虫害防治费用（元/hm^2）（取值为 71.60 元/hm^2）；A_i 是森林生物防治面积（hm^2）。V_{dr} 是滞留灰尘的价值（元/a）；Q_{dri} 是第 i 类林地滞留灰尘总量（t/a）；c_d 是削减灰尘成本（元/t）（取值为 170 元/t）。

3）支持服务的价值

（1）养分蓄积：

$$V_n = \sum_i Q_{ni} \cdot p_{ni}$$

其中，V_n 是森林营养物质累积价值增加量（元/a）；Q_{ni} 是第 i 种营养物质累积增加量（t/a）；p_{ni} 是化肥市场价格（元/t）。

（2）土壤培肥：

$$V_{om} = \sum_i Q_{omi} \cdot p_{om}$$

其中，V_{om} 是增加森林土壤有机肥的价值（元/a）；Q_{omi} 是第 i 类林地增加森林凋落物数量（t/a）；p_{om} 是有机肥市场价格（元/t）（取值为 850 元/t）。

（3）土壤保育：

减少土地废弃 $$V_{\mathrm{As}}=\sum_i Q_{\mathrm{As}i}\cdot(p_1-p_2)$$

减少泥沙淤积 $$V_{\mathrm{y}}=\sum_i Q_{\mathrm{y}i}\cdot c_{\mathrm{r}}$$

保持土壤养分 $$V_{\mathrm{nr}}=\sum_i Q_{\mathrm{nr}i}\cdot p_{\mathrm{n}}$$

其中，V_{As}是森林因保持土壤从而避免破坏土地的价值（元/a）；$Q_{\mathrm{As}i}$是第 i 类林地减少土地废弃的面积（hm^2/a）；p_1是侵蚀前土地价格（元/hm^2）（取值为 5617.5 元/hm^2）；p_2是废弃土地价格（元/hm^2）（取值为 0）。V_{y}是森林因保持土壤从而减少泥沙淤积滞留的价值（元/a）；$Q_{\mathrm{y}i}$是第 i 类林地减少泥沙淤积的量；c_{r}是单位泥沙清淤费用（元/m^3）（取值为 15 元/m^3）。V_{nr}是森林因保持土壤从而减少土壤养分损失的价值（元/a）；$Q_{\mathrm{nr}i}$是第 i 类林地土壤养分保持量（t/a）；p_{n}是化肥市场售价（元/t）。

（4）农田防护：

农田防护林小班 $$V_{\mathrm{ap}}=\sum_i a_{\mathrm{s}}\cdot c_{\mathrm{nf}}\cdot h_{\mathrm{s}}\cdot v_{\mathrm{ap}}\cdot A_i$$

农田防护林网 $$V_{\mathrm{ap}}=\sum_i l_{\mathrm{n}}\cdot w_{\mathrm{n}}\cdot h_{\mathrm{n}}\cdot c_{\mathrm{nf}}\cdot v_{\mathrm{ap}}\cdot A_i$$

其中，V_{ap}是防护林小班单位面积农田防护价值（元/a）；a_{s}是防护林小班面积调整系数；c_{nf}是防护林小班或林网的郁闭度调整系数；h_{s}是防护林小班平均树高调整系数；v_{ap}是北京市农田防护林平均农田防护价值（元/hm^2）（取值为 9684 元/hm^2）；A_i是第 i 类林地面积（hm^2）；l_{n}是林网长度调整系数；w_{n}是林网宽度调整系数；h_{n}是林网平均树高调整系数。

（5）防风固沙：

$$V_{\mathrm{dp}}=\sum_i d\cdot c_{\mathrm{nf}}\cdot p_{\mathrm{fl}}\cdot A_i$$

其中，V_{dp}是北京市林地防风固沙价值（元/a）；d是距离调整系数；c_{nf}是森林郁闭度调整系数；p_{fl}是北京市单位面积防护林地平均价格（元/hm^2）（取值为 2247 元/hm^2）；A_i是第 i 类林地面积（hm^2）。

（6）维持生物多样性：

$$V_{\mathrm{b}}=\sum_i l_{\mathrm{f}}\cdot s_{\mathrm{f}}\cdot r_{\mathrm{f}}\cdot p_{\mathrm{b}}\cdot A_i$$

其中，V_{b}是北京市森林生物多样性非使用价值（元/a）；l_{f}是林地类型调整系数；s_{f}是森林结构或状况调整系数；r_{f}是自然保护区调整系数；p_{b}是北京市森林生物多样性非使用价值单价（元/hm^2）（取值为 1110 元/hm^2）；A_i是第 i 类林地面积（hm^2）。

4）社会服务的价值

（1）休闲旅游：

$$V_{tv} = \sum_i k_f \cdot d_f \cdot c_f \cdot v_{tv} \cdot A_i$$

其中，V_{tv}是森林小班或林网的休闲旅游价值（元/a）；k_f是森林类型调整系数；d_f是与市中心距离调整系数；c_f是森林郁闭度调整系数；v_{tv}是北京市森林公园和森林旅游景点单位面积平均旅游收益（元/hm^2）（取值为 1421 元/hm^2）；A_i是第i类林地面积（hm^2）。

（2）促进就业：

$$V_{je} = \sum_i e_m \cdot v_{je} \cdot A_i$$

其中，V_{je}是森林促进就业价值（元/a）；e_m是森林促进就业价值的经营类型调整系数；v_{je}是森林平均促进就业价值[元/(hm^2·a)][取值为 4.57 元/(hm^2·a)]；A_i是第i类林地面积（hm^2）。

（3）科研文化：

$$V_{ec} = \sum_i e_f \cdot v_{ec} \cdot A_i$$

其中，V_{ec}是森林科研文化价值（元/a）；e_f是森林科研文化价值的林种调整系数；v_{ec}是森林平均科研文化价值[元/(hm^2·a)][取值为 1802.8 元/(hm^2·a)]；A_i为第i类林地面积（hm^2）。

各项服务价值量乘以功能量，加和后可得北京市森林生态系统服务总价值，结果如表 4.1 所示。

表 4.1　北京市森林生态系统服务总价值

二级类型	年价值/($\times 10^6$ 元/a)	二级类型	年价值/($\times 10^6$ 元/a)
初级产品供给	3 028.75	农田防护	103.32
供给洁净水	331.92	防风固沙	10.17
大气调节	6 073.08	维持生物多样性	1 227.32
水文调节	318.64	促进就业	4.51
环境净化	3 551.27	休闲旅游	136.84
养分蓄积	351.45	科研文化	90.73
土壤增肥	757.20	总价值	15 985.20

注：土壤增肥指土壤培肥和土壤保育。

4.2 揭示偏好法

4.2.1 揭示偏好法的产生和发展

揭示偏好法是指通过考察人们与市场相关的行为，特别是在与环境联系紧密的市场中所支付的价格或他们获得的利益，间接推断出人们对环境的偏好，以此估算环境质量变化的经济价值。揭示偏好技术需要利用相关市场的一些信息进行价值估算，主要有旅行成本法、享乐价格法与防护支出法（preventive expenditure approach）等。揭示偏好法是建立在真实市场行为之上的评估，取得的数据是实在发生的。

享乐价格法认为，人们赋予环境的价值可以从他们购买的具有环境属性的商品的价格中推断出来。最先把享乐价格法应用于环境领域的是 Ridker 和 Henning（1967），他们研究发现，空气污染引起的地产价格变化可用来间接计算空气污染损失的价值。享乐价格法要求评估对象是完全差别化的异质化商品，主要应用于房地产领域。因为房地产是完全异质化商品，且它的市场是真实存在的，适合享乐价格法这种事后评估方法。20 世纪 80 年代中后期，享乐价格法主要集中在空气污染、水污染、交通噪声和灾害污染价值评估四大领域。相对于国外的研究，享乐价格法在中国的应用只停留在房地产价格评估方面，在资源环境非市场价值评估领域的研究很少。

旅行成本法常被用来评价自然景点或者环境资源的价值。旅行成本法通过收集游客在景点的消费情况，评估旅游者通过消费这些环境商品或服务所获得的效益，或者说对这些旅游场所的支付意愿，从而估计景点的非市场价值。旅行成本法假设游客到景点游览不必付出高昂的入场费，但必须支付交通费用和其他必不可少的开支，并需耗费一定的时间，这些被视为资源环境的隐含价格。美国学者 Hotelling（1947）首先针对中央公园经营的困境，建议管理部门采用新方法对公园价值进行全面评估，而不能仅以门票收入评估公园的价值，所建立的方法即为旅行成本法的雏形。1959 年，Clawson 提出利用消费者剩余概念来评价森林旅游价值，即旅行成本法。自此以后，旅行成本法被广泛用于评估具有旅游价值的自然资源的非市场价值，尤其适用于评估入场费用或门票价格低廉的景点的非市场价格。

4.2.2 享乐价格法

享乐价格法是一种通过考察房屋等资产价格变化来评价环境价值的方法，该方法被广泛用于评估没有市场价格但直接影响房屋价值的环境质量、环境属性的隐含价格。房屋等资产往往具有多重不能分割买卖的特性，其价格反映的是人们对资产所有特性的综合评价，包括有市场价值的（如房屋的面积）和没有市场价值的（如房屋周边的公共绿地）。资产的价格是其内在一系列特征的价值总和，这些特征也涉及周围的环境。在保持资产其他特性相同的条件下，环境质量的差异会影响消费者的支付意愿和资产的价格。

例如，住房是一种最典型的异质性商品，任何两个住房单元不可能是完全一致的，且住房间的差异会对住房价格产生可观的影响。相应地，住房价格的波动可能源于市场供求情况的改变，也可能源于市场中物业品质、档次的整体提升或物业聚集地的整体变化，还可能源于各期交易量中不同特征住房组成结构的变化。即购房者对房地产价值的评估，不仅取决于房地产本身特性，还取决于邻里特征、区位特征、周边环境特征等。

假设个人效用取决于房地产商品 H 和其他同质产品的组合 X，房地产商品 H 的价值是由其包含的各种特征决定的，即

$$P_H = f(H_1, H_2, H_3, H_4, H_5, X)$$

其中，H_1 是房地产商品的结构特征；H_2 是邻里特征；H_3 是区位特征；H_4 是周边环境特征，也就是欲评估的环境物品的特征；H_5 是家庭特征。

根据 Rosen（1974）提出的分析框架，假设市场处于均衡状态，且存在一条连续的享乐价格曲线。当市场均衡时，供给者的边际支付意愿等于其边际所得。假设缺乏其他同质性商品，即 X 恒为 1，个人在预算条件约束下追求效用最大化。效用函数对各个特征变量的偏导数就是各类特征变动对商品价格的影响幅度，对 H_4 的偏导即为环境物品边际变化对应的价值。因此，享乐价格法是以新消费理论和供需均衡模型为基础的。

$$P_{H_i} = \frac{\partial P_H}{\partial H_i}$$

享乐价格法的主要形式包括时间哑元法、特征价格指数法、模拟价格法与价格调整法。时间哑元法的基本思路是，利用基期和多个报告期的样本建立统一的特征价格模型，并在模型中以时间哑元变量标识样本所属的报告期，即

$$P = c + \sum_{n=1}^{N} \beta_n H_n + \sum_{t=1}^{T} a_t D_t + \varepsilon$$

其中，D_t 是时间哑元变量（在第 t 期等于 1，其他期等于 0）；a_t 是时间哑元变量系数；H_n 代表 n 个住房特征，β_n 是这些特征对应的特征价格。时间哑元变量的系数等价于报告期与基期样本价格几何平均值的比值，并利用特征 H_n 进行质量调整，所以可直接根据时间哑元变量系数的估计值进行指数编制。

特征价格指数法的基本思路是，在各个报告期分别建立特征价格模型，以计算住房各类特征在各报告期内的价值，再选定一定的“标准单元”（即固定住房各类特征在各报告期内的取值）。将计算得到的特征价格值和设定的标准单元值分别代入基础框架，可得到“标准单元”在各报告期的同质价格，并以此为基础进行指数编制。

模拟价格法是基于特征价格模型对样本匹配法的改进。样本匹配法是普通商品价格统计中的一种常用方法，通过考察样本在各报告期的一致性进行严格控制，达到同质可比的要求。但由于住房具有高度异质性的特点，同一住房单元几乎不可能在各报告期内均发生交易，各期交易的住房单元在质量上也不可能完全一致，传统的样本匹配法不能用于住房价格指数的编制。模拟价格法对样本匹配法的改进思路是，先利用第 $t-1$ 期的特征价格模型推测第 t 期交易的住房单元（相当于第 t 期的“新增单元”）在第 $t-1$ 期的价格，再利用第 t 期的特征价格模型推测第 $t-1$ 期交易的住房单元（相当于第 t 期的“退出单元”）在第 t 期的价格，从而实现第 $t-1$ 期和第 t 期内住房单元的完全匹配，并引入传统样本匹配法进行指数计算。

价格调整法同样是利用特征价格模型对样本匹配法进行的一种改进，确定某一虚拟的“标准住房单元”作为匹配样本，利用各报告期内当期的特征价格模型将所有交易的住房单元价格调整到统一的“标准住房单元”基础上，再利用样本匹配法进行指数编制。

4.2.3　旅行成本法

旅行成本法是利用消费者在旅游市场上的行为（通常是花费的交通费用和时间成本）对非市场化资源或公共品进行定价的方法，通常用于评估森林、沙滩、公园及其他类型旅游目的地的游憩价值。游憩价值虽然无法获得直接的交易价格，但可通过游客的旅行费用推导游憩资源的需求曲线（即 Clawson-Knetsch 曲线），并根据该曲线估算旅游者的消费者剩余，以“游憩商品”的消费者剩余代表无门票或门票较低的游憩区（资源）的经济价值。旅行成本法具有三种基本模型：分区旅行成本模型（zonal travel cost model，ZTCM）、个人旅行成本模型（individual travel cost model，ITCM）和随机效用模型（random utility model，RUM）。

ZTCM 的基本步骤为：划定调查分区，计算各个小区每千米的访问量及每个小区到达旅游地的往返旅行距离和时间，根据假定的每千米费用估算旅行花费；将旅行花费与其他变量结合进行回归分析，利用回归分析的结果构建需求曲线（图 4.3）；计算消费者剩余以评估旅游地的经济价值，即计算需求曲线与两坐标轴组成的区域面积。理论上，ZTCM 应按等距离划分出发区，即以旅游地为圆心画同心圆，相邻两个同心圆间的区域作为一个出发区。但实际操作中一般以行政区为准，统计近两年每个小区到旅游地的访问量。模型的基本形式为

$$\frac{V_{hj}}{N_h}=f(P_{hj},\mathrm{SOC}_h,\mathrm{SUB}_h)$$

其中，V_{hj} 是根据抽样调查结果推算出的一定时间内从 h 区域到 j 旅游地旅游的总人数；N_h 是 h 区域的人口总数；P_{hj} 是 h 区域游客到 j 旅游地的平均旅行成本；SOC_h 是 h 区域的社会经济特征向量；SUB_h 是 h 区域旅游者的替代旅游地的特征向量。

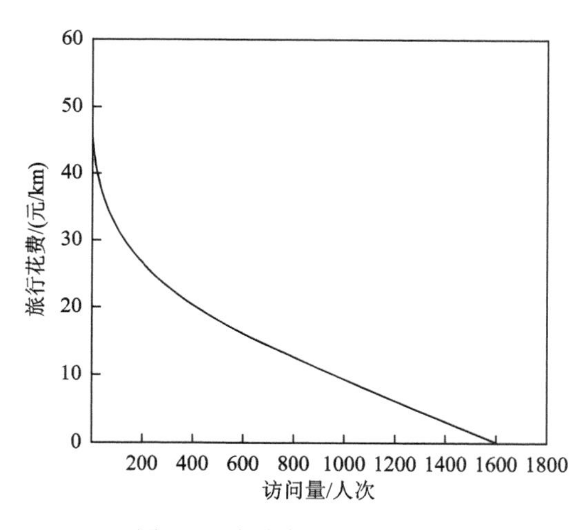

图 4.3　旅游资源的需求曲线

ITCM 的因变量是个体或家庭在每个时期内旅行的次数，把旅行时间、旅行成本及社会经济变量结合进去。ITCM 与 ZTCM 的计算过程相似，也是利用回归分析找出访问量、旅行花费及其他变量之间的关系，拟合需求曲线，通过对需求曲线和实际支出费用之间的面积积分推算旅游者的消费剩余。但它主要通过直接的游客调查获取数据，调查内容包括旅游者在过去一段时间到旅游地的旅行次数及从出发地到旅游地的交通方式、旅行费用、旅行时间和停留时间。对于多目的地的旅行，还需了解游客在其他景点的支出信息。ITCM 的需求函数一般为

$$Q_{ij}=f(P_{ij},T_{ij},R_j,S_j,Y_i)$$

其中，Q_{ij} 是个体 i 到旅游地 j 的旅游次数；P_{ij} 是个体 i 到旅游地 j 旅行产生的旅行成本；T_{ij} 是个体 i 访问旅游地 j 发生的时间成本；R_j 是个体 i 对旅游地 j 的感知质量的向量；S_j 是可能的替代地的特征向量；Y_i 是个体 i 的家庭收入。

ITCM 更多地考虑了数据的内在变化，而不是依靠对区域数据的聚合，在统计上更有效率。但 ITCM 的数据调查忽略了潜在的游客，产生样本截尾问题，可能引起

消费者剩余估计的偏差。RUM 能够对纳入消费者考虑范围的不同游憩类型或游憩地点的偏好进行估计，它能够处理连续 TCM 模型（即 ZTCM 与 ITCM 模型）无法处理的“零访问”和替代地选择问题，其基本形式是多项式评定（Logit）模型。

4.2.4 揭示偏好法的适用条件

享乐价格法一般适合评价局地空气和水质量的变化；噪声问题，特别是飞机和交通噪声；舒适性对社区的福利影响；工厂选址、铁路及高速公路的选线规划，以及城市中比较贫困的地区改善项目的影响。该方法的应用一般应具备以下条件：房地产市场比较活跃；人们认识到而且认为环境质量是财产价值的相关因素；买主比较清楚地了解当地的环境质量或者环境随着时间的变化情况；房地产市场不存在扭曲现象，交易是明显而清晰的。

首先，享乐价格法存在内生性问题。Rosen（1974）在提出享乐价格法时实际上使用了两阶段需求估计法。Bartik（1987）、Epple（1987）指出两阶段需求估计并未如 Rosen（1974）所说的那么直接，因为特征价值方程估计出来的边际隐含价格和商品属性是内生的。在同一地区内的相邻住宅享有的设施基本是相同的邻里设施（例如，享有相同的学校、医疗和交通等），这些相邻住宅的价格之间会相互影响。如果忽略相邻住宅价格的影响，将产生内生性问题。但随着计量经济学的快速发展，学者们不断研究出各种方法来规避内生性问题，寻找有效的工具变量和经济活动中存在的“自然实验”或“准自然实验”是较为常用的解决手段。其次，享乐价格法存在空间自相关问题。影响房价的因素很多，且随着空间位置的变化而变化。如果在估计过程中遗漏这些变量，那么结果将有偏差。

旅行成本法主要针对旅游城市或一些大型的城市公园、城市湿地等，且主要关注城市森林的休憩价值，导致其适应性较其他方法有一定的局限性。另外，旅行开支具有较大的随机性和差异性，导致不同的费用核算方法估计的结果差异较大，并且如果不对游客的目标加以区分，旅行成本法的估计结果将会有较大的偏差。旅行成本法从人们的市场行为推断出其对自然旅游资源的支付意愿，调查一般在被评价的旅游景点内进行，评价对象为旅游景点内的旅游者。因此，该方法无法对非旅游者和旅游资源的非使用价值进行评价，无法对未开发的或待开发的旅游资源进行评估。旅行成本法的应用还需注意旅行费用的组成问题、不同交通方式造成的交通费用核算问题、参观的多目的性问题、替代景区的问题、旅行效用或者负效用问题、公费旅游者和自费旅游者的区分对待问题、旅行时间成本折算问题、取样偏差问题及关于非使用者和非当地效益的问题。

4.3　陈述偏好法

陈述偏好法主要根据人们对一些假想情景表述的支付意愿估计环境物品价值，是环境物品非市场价值的主要评估方法。与揭示偏好法相比，陈述偏好法可用于评估更广泛的环境物品和服务。陈述偏好法一般可用于估计总经济价值（即利用价值和非利用价值），而揭示偏好法只能用于评估利用价值。

4.3.1　陈述偏好法的产生和发展

由于生态环境产品和服务缺乏市场，大多环境物品无法利用市场价格进行评估，经济学家发展了一些超越传统市场基础的方法来估计环境物品所带来的福利及其损害成本。陈述偏好法主要利用人们对一些假想情景反映出的支付意愿来估计环境物品的价值，包括条件价值法和选择实验（choice experiments，CE）法。选择实验法包括联合分析（conjoint analysis，CA）法和选择建模（choice modelling，CM）法。联合分析法又可分为条件排序（contingent ranking，CR）法、条件分级（contingent rating，CR）法、配对比较（paired comparison，PC）法。

条件价值法和选择建模法是评估非市场价值的主要方法，其在 RUM 中有相同的理论框架，大量研究对条件价值法和选择建模法两种方法进行了比较分析（Boxall，1996；Adamowicz et al.，1998；Hanley et al.，1998；Lehtonen et al.，2003；Bateman et al.，2006），并使用数据聚合对不同的偏好揭示模型进行检验（Adamowicz et al.，1998），这些研究已经广泛引入了与环境和服务相关的应用，基于基础假设建模的选择实验设计使估计效率最大（Huber and Zwerina，1996；Sandor and Wedel，2001；Lusk and Norwood，2005；Ferrini and Scarpa，2007）。

条件价值法由 Ciriacy-Wantrup（1947）提出，是一种直接陈述偏好法，向被调查对象征求他们对于所享受福利的支付意愿，或他们愿意接受的损失补偿（Mitchell and Carson，1989）。自 20 世纪 80 年代以来，条件价值法得到普遍研究和广泛应用。俄亥俄州政府于 1988 年使用该方法进行损害评估，NOAA 蓝丝带委员会于 1993 年提出该方法可用于评估非使用（被动）价值。理论上，条件价值法以福利经济学为基础，假定所陈述的支付意愿（willingness to pay，WTP）金额与受访者的基本偏好相关。长期以来，条件价值法因侧重于商品范围不敏感性问题一直被诟病，对陈述偏好法中的异常现象、接受赔偿意愿（willingness to accept，WTA）/支付意愿差异、规模不敏感、假设性市场偏见、偏好不确定性、偏好反转等问题进行了详细的讨论。关于异常现象，许多文献也提供了应对策略，如偏好依赖表现、市场模拟、事前廉价谈判、事后检定、制度学习、重复性经验和选择启发法等（Braga and Starmer，2005）。选择建模法是一种间接陈述偏好法，源于个体在多属性商品选择中的联合分析。选择建模法当前已是很有吸引力的方法，因为多属性框架被证明和文化遗产部门经济估价的理论结构一样实用。

4.3.2 条件价值法

条件价值法也称意愿调查评估法、投标博弈法等，它的核心是通过模拟市场调查、咨询人们对生态系统服务的支付意愿，确定人们对各种环境变化的偏好，推导环境变化或环境后果的价值。条件价值法的调查方式灵活，适用于评估缺乏实际市场和替代市场的商品价值。“条件”指环境物品的评价是有条件的，需要建立假想的市场。条件价值法首次应用于研究美国缅因州林地宿营、狩猎的娱乐价值。此后，条件价值法逐渐被广泛用于评估自然资源的休憩娱乐及狩猎和美学效益的经济价值，已经成为评价非市场环境物品与资源经济价值的最常用工具，条件价值法的研究案例和著作也呈指数增长。条件价值法从早期的开放式、投标卡式发展至目前的封闭式格式，封闭式格式也从早期的单边界约束发展至现在的多边界、多目标支付意愿的估计。

条件价值法的步骤主要包括问卷设计、问卷调查和数据分析。问卷设计包括对环境物品原始状态、环境物品变化及推荐的管理政策和选择进行描述。在推荐的选择形式下，为取得环境质量的改善或防止环境质量的下降，描述需尽量精确并包含引导参与者支付意愿的具体方式、机理和参与者支付的方式。理论研究提出了许多引导参与者支付意愿的方式，包括开放式和封闭式两种类型。从对市场的模拟程度来看，投标卡式可认为是开放式的变种。问卷同时需包含参与者的社会经济信息和关于支付意愿影响因素的问题，以判断支付意愿和其他独立变量间是否存在一定的理论关系。问卷调查主要是应用设计好的问卷收集参与者反映的信息，通常有邮寄、电话采访和面对面调查等方式。数据分析是对调查的社会经济变量、投标值变量和参与者的选择变量建立统计回归关系式，从而估计支付意愿的平均值。

条件价值法的经济学原理是：假设消费者的效用函数受市场商品 x、非市场物品（将被估值）q、个人偏好 s 的影响，其间接效用函数除受市场商品的价格 p、个人收入 y、个人偏好 s 和非市场物品 q 的影响外，还受个人偏好误差和测量误差等随机因素的影响。设 ε 表示随机因素，则间接效用函数可用 $V(p,q,y,s,\varepsilon)$ 表示。被调查者个人通常面对一种环境状态变化的可能性（从 q_0 到 q_1）。假设状态变化是一种改进，即 $V(p,q_1,y,s,\varepsilon) \geqslant V(p,q_0,y,s,\varepsilon)$，但需要消费者支付一定的资金。条件价值法就是利用问卷调查的方式揭示消费者的偏好，推导在不同环境状态下消费者的等效用点$[V(p,q_1,y,s,\varepsilon)\geqslant V(p,q_0,y,s,\varepsilon)]$，并通过定量测定支付意愿 w 的分布规律得到非市场物品的经济价值。条件价值法的关键是问卷调查，而问卷中的关键问题是估值问题。例如，在额济纳旗生态系统恢复价值调查的两分式问卷中，核心的估值问题为：目前额济纳旗的生态恢复和保护计划正在筹集资金的阶段，如果需要您每年从您家中的收入中拿出（未来的 20 年内）____元支持这一计划，您是否同意？a. 同意，b. 不同意。

4.3.3　选择实验法

选择实验法最初应用于市场营销、交通经济学和公共卫生等领域。选择实验法是指研究者通过设置不同属性状态组合成不同的选择集，受访者在每个不同选择集中选择最合适的替代情景。通过受访者的选择推导个体对环境或商品的偏好，并运用经济计量模型分析环境或商品不同属性与特征的价值，从而确定不同属性状态组合方案的非市场价值。与条件价值法相比，选择实验法更易评价环境物品多重属性的价值，揭示受访者的偏好信息。

选择建模法早期应用于市场、交通和旅游领域，之后应用于环境非使用价值的评估。选择建模法主要包含以下步骤：①确定决策问题的特征，辨明环境质量变化、公共物品供给变化等研究问题；②选择属性和状态，需进行预调查以确定所研究对象的关键环境属性和属性的状态值；③采取各种图文方式设计问卷；④开发实验设计，根据确定的属性和状态构造需要呈现给参与者的选择替代情景及其组合（选择集）；⑤根据状态值的精确性和数据收集成本确定抽样规模；⑥采用统计分析模型、最大概率估计法进行模型估计；⑦根据估计结果分析参与者的行为和决策。选择建模法一般是通过构造效用函数模型，将选择问题转化为效用比较问题，通过效用最大化实现最优方案的选择和模型整体参数的确定。在随机效用函数的理论基础上，采用多元名义 Logit 统计分析模型产生的间接效用函数为

$$V_{ij}=\lambda(\beta+\beta_1 Z_1+\beta_2 Z_2+\cdots+\beta_n Z_n+\beta_a S_1+\beta_b S_2+\cdots+\beta_m S_j)$$

其中，β 是替代指定常数（alternative specific constant，ASC），可用于解释未观测的属性对选择结果的影响；$\beta_1,\cdots,\beta_n,\beta_a,\beta_b,\cdots,\beta_m$ 是影响效用的物品属性和消费者特征矢量系数。

福利测量可通过下式估计：

$$C_{\mathrm{s}}=-\frac{1}{\alpha}\left[\ln\sum\exp V_{i0}-\ln\exp V_{i1}\right]$$

其中，C_{s} 是补偿剩余的福利测量；α 是收入的边际效用；V_{i0}、V_{i1} 分别是环境变化前和变化后的边际效用函数。

属性的部分价值可通过下式计算：

$$W = -\left(\frac{\beta_{属性}}{\beta_{成本}}\right)$$

其中，$\beta_{属性}$ 和 $\beta_{成本}$ 分别是非市场环境属性项和成本项的估计系数，该式给出了成本变化和属性之间的边际替代比例。

选择建模法的关键是问卷调查，问卷的核心是呈现给参与者的选择集合，如表 4.2 所示的额济纳旗生态系统管理选择问卷的选择集合。

表 4.2 选择集合

项目	一次性征收水费/(元/a)	额济纳旗绿洲面积/km²	水质	本地动物种类/种	本地动物数目/(×10⁴头)
选择 A（现状）	0	3288	较差	93	14
选择 B	50	3437	一般	98	18
选择 C	100	3655	较好	112	18
我选 A（ ）	我选 B（ ）	我选 C（ ）	我都不选 D（ ）		

联合分析法也是一种模拟市场的调查方法，包括条件分级法、条件排序法和配对比较法。在条件分级法中，参与者被要求标出对多个备选方案的偏好程度。每个备选方案对应一组属性，参与者对各备选方案的偏好程度反映了对这些属性的权衡，可用来估计各属性的“价值”。该“价值”称为属性的“部分价值”，“部分价值”的总和即为参与者对环境物品或服务总体变化的估值。表 4.3 是条件分级问卷调查的一个典型例子。

表 4.3 条件分级问卷的调查例子

额济纳旗生态系统调查管理	
请在下面您认为合适的数字上划圈以表明您的偏好	
水质	好
动物的数目	160 000 头
动物的种类	112 种
绿洲的面积	3 437km²
家庭成本	100 元
1　2　3　4　5　6　7　8　9　10	
弱偏好 ←——→ 强偏好	

在条件排序法中，参与者被要求对各个备选方案从最小偏好到最大偏好进行排序。条件排序以信息综合理论为基础，参与者需对可选的各个部分信息进行估值，这些价

值可转换成标度。信息综合理论通常假设价值转换成标度带来的误差呈正态分布，可应用普通最小二乘法（ordinary least squares，OLS）诊断和测试效用函数。在随机效用函数的基础上建立条件排序，并提供了基于随机效用函数的统计分析方法。在此之前，条件排序没有直接的统计分析方法，条件排序需转化为条件标度采用 OLS 进行分析。条件排序可看作从一个选择集合中依次选出效用最高的商品的条件概率分布：

$$\Pr(U_1 > U_2 > \cdots > U_H, H \leqslant J) = \prod_{h=1}^{H}\left[e^{Vh} / \sum_{m=1}^{H} e^{Vm} \right]$$

其中，U 是直接效用函数；V 是间接效用函数；J 是资源利用替代集合；h 是排序；H 是排序的总数目。在配对比较法中，参与者被提供两组连续的选择，并需在一个尺度上标出对它们的偏好程度。与条件分级法和条件排序法相同，配对比较法的数据可通过多元回归技术、Logit 或多元概率比回归（Probit）模型分析参与者对环境物品或服务总体变化的支付意愿。表 4.4 和表 4.5 分别为采用条件排序法和配对比较法对额济纳旗生态系统管理的调查。

表 4.4　条件排序法的调查例子

额济纳旗生态系统调查管理			
请对下面的三种替代进行排序，分别用数字 1、2、3 代表最偏好到最不偏好			
	替代 1	替代 2	替代 3
水质	一般	好	差
动物的数目	160 000 头	140 000 头	180 000 头
动物的种类	93	98	112
绿洲的面积	3 288km^2	3 655km^2	3 437km^2
家庭成本	50 元	100 元	200 元
	（　）	（　）	（　）

表 4.5　配对比较法的调查例子

额济纳旗生态系统调查管理				
请在下面的数字上划圈表示您对某一种替代的偏爱程度				
	替代 1	替代 2		
水质	一般	好		
动物的数目	140 000 头	160 000 头		
动物的种类	93	98		
绿洲的面积	3 437km^2	3 288km^2		
家庭成本	50 元	100 元		
1	2	3	4	5
强烈的偏好替代 1			强烈的偏好替代 2	

表 4.6　陈述偏好法的总结比较

特征	条件价值法	条件分级法	条件排序法	配对比较法	选择建模法
行为偏差	随机效用函数	信息综合理论	随机效用函数	不清楚	随机效用函数
引导技术	离散选择	提供分级标度	几种替代分级	两种替代间偏好差异	选择优先的替代
替代评价的数目	1 或 2	许多	许多	许多	许多
实验设计要求	一般	一般	高	高	高
统计分析	OLS 或二元 Logit	OLS	有序 Logit/Probit	OLS/有序 Logit/Probit	多元名义或巢式 Logit
福利测量	绝对	相对	相对	相对	绝对
提供的结果	总价值		相对偏好的信息		总价值/部分属性价值

表 4.6 对各类陈述偏好法进行了总结比较。各类陈述偏好法的差异主要表现在问题的引导。在条件价值法中，参与者被要求就某一具体的环境保护或恢复陈述是否愿意支付一定数量的金额。在条件分级中，参与者需要对替代作出自己的级别判断。在条件排序中，参与者需要对几种资源利用替代选择进行排序。在配对比较中，参与者需要对两种不同的替代采用分级卡表明自己的偏好。在选择建模中，参与者需要在一个选择集合中选择自己最偏好的替代。此外，在统计方法上，条件排序数据的分析方法与条件分级数据的分析方法相似，条件排序的结果能被转换为条件分级的尺度。条件价值法主要采用二项式 Logit 模型和 OLS；条件分级法采用 OLS；条件排序法采用有序的 Logit 和 Probit 模型；配对比较法早期采用 OLS，现在多采用有序的 Logit；选择建模法采用多元名义 Logit 和巢式 Logit 模型。离散的条件价值法和选择建模法的行为偏差基础是随机效用函数，条件排序法的行为偏差是基于随机效用函数，但在实际应用中经常违背随机效用函数的假设。条件分级法以信息综合理论为基础，但实践中也经常违背随机效用函数的假设。条件价值法和联合分析法的另一显著差异是：在条件价值法中，参与者只需要评价一种或两种备选方案；在联合分析法中，参与者需要分别评价数种备选方案。

4.3.4　陈述偏好法的适用条件

陈述偏好法是引导个人对非市场环境物品或服务进行估价的一种相对直接的方法，直接询问调查对象的支付意愿是陈述偏好法的特点。陈述偏好法的隐含假设为，被调查者知道自己的个人偏好，有能力对环境物品和服务进行估价，且愿意诚实地说出自己的支付意愿。各类陈述偏好法采用问卷调查参与者的偏好，适用范围广，可用于评估空气和水质量、休闲娱乐、生命健康影响或风险、交通条件改善、供水卫生设施和污水处理等。

陈述偏好法的误差包括信息偏差、支付方式偏差、假想偏差、策略性偏差、嵌入效应、排序问题、无反应偏差等。信息偏差指受访者对价值属性了解很少，提供给受访者的信息数量和类型会影响他们的答案。支付方式偏差指支付意愿的差异取决于支付方式，如税收、捐赠会影响人们的支付意愿。假想偏差指受访者不必进行实际支付，对假想市场的反应与对真实市场的反应不同。策略性偏差指受访者提供一个有偏差的答案，如享受钓鱼的受访者可能高估钓鱼服务的价值，从而忽视钓鱼河域的保护项目。嵌入效应指对部分环境资产（如湖泊系统的某一个湖）陈述的支付意愿与对整个资产价值（如整个湖泊系统）陈述的支付意愿是相似的。排序问题指支付意愿在问卷列表的位置会影响受访者的陈述。无反应偏差指无反应的个体与已提供信息的平均值有差异。

此外，受访者对评估物品或服务不熟悉，具有不确定性。Ekstrand 和 Loomis（1998）的研究表明，受访者的不确定性程度与标价间存在显著的二次效应，在标价很高或者很低时确定性更高，标价在中间范围时受访者的确定性比较低。Champ 和 Bishop（2001）发现受访者对调查对象的认知和态度是产生不确定性的主要原因，对项目表示支持态度的受访者的支付确定性程度显著更高，Shamima 和 Rahman（2009）的实证研究也验证了这一观点。van Kooten 等（2001）认为，一些交易本身就不可能做出准确判断，如对于道德问题的交易，受访者只能给出他们的支付意愿区间。

陈述偏好法的有效性检验用于检查是否存在上述偏差。效度是指通过克服潜在的偏见和假想的自然选择来测量个体偏好的成功程度。有效性测试主要采用试验-复试检验法，根据调查对象的不同可分为重复受访者法和重复目标人群法。重复受访者法指考察同一受访者回答的相关度，采用同样的调查手段，对同样的受访者在首次调查之后的一段时间后再次调查，并检验两次结果的一致性。重复目标人群法则采用同样的调查手段，在不同的时段调查同一目标人群的两个不同的样本组，是较为实用的可靠性检验方法。有效性检验分为以下两部分。①内容有效性：问题是否正确，问题是否可理解，问题的研究主题是否有关。②结构有效性：结果是否与期望一致，其又分为收敛有效性和基于期望的有效性。收敛有效性包括评估结果与揭示偏好法研究、其他陈述偏好法结果、实验结果、实际市场一致。基于期望的有效性包括评估价值与经济理论及之前的研究和预判断一致。

4.3.5 陈述偏好法的应用

联合国教科文组织世界遗产地（world heritage sites，WHS）的很大一部分可以在发展中国家找到，但是它们许多处于糟糕的状态。因此，有必要记录这些全球商品的社会效益以便证明恢复和保存计划（restoration and preservation plan，RPP）费用的合法性。这项研究对发展中国家 WHS 的经济效益的稀缺文献来说是一种补充，降低了通过西方估值研究进行利益转移的不确定性。我们用条件价值法和选择建模法估计越南世界文化遗迹 MySon 的 RPP 社会效益，针对对象同时为外国游客和当地居民。然后比较从条件价值法和选择建模法两种方法得到的估计，并汇集两种方法的结果。结果表明，条件价值法和选择建模法这两种方法都适合用于估计保存 MySon 文化遗产的经济效益。这两种方法得到的结果类似，这可以解释为收敛有效性的测试。汇总结果给出证据表明条件价值法和选择建模法具有相同的基础偏好结构。因此，这些估值模型可以成功用于成本效益分析（cost-benefit analysis），以评估降低空气污染、土壤侵蚀、气候变化及其他导致文化遗产退化的相关因素对文化遗产的益处。

1. 简介

这些遗迹吸引了越来越多的游客并为这些国家增加收入。不幸的是，由于环境和气候影响，战争和旅游带来的压力，许多遗迹当前的情况很不好，迫切需要恢复和保存。因此，记录这些遗迹（属于全球公共产品）的社会效益也是必要的，这是为了证明保存它们所花费的成本是合理的。

MySon 位于越南中部的广南省，是一个很大的综合性宗教寺庙，原本由 70 多座寺庙构成，直至现在剩余 25 座。1999 年 12 月，MySon 被联合国教科文组织认证为世界遗产名录之一。1997～2005 年，MySon 的越南访客年增长率为 41.5%，外国访客年增长率为 24.3%。2005 年，MySon 共接待了约 117 000 名游客。这种文化旅游对越南很重要，因为它有助于促进文化交流，改善当地人民的生活水平。尽管对社会有好处，但文化遗产由于退化和损失受到严重的威胁，存在一些类似于土壤侵蚀、滑坡、洪水和热带气候等自然因素对文化遗迹造成的损害。然而，人类活动可能是导致退化和破坏的主要原因，包括战争、耕地忽视、城市扩张和旅游压力。当前，这个独特的遗迹处于严重失修状态，迫切需要保护。这项研究是对为修复保护 MySon 提出的保护计划所产生的经济效益进行考量。

本节主要衡量归于下列代理人的经济效益：到 MySon 的国外成年游客和广南省当地居民。MySon 一直都是主要的旅游胜地。因此，保护计划的大部分效益归于国外游客。然而，不论是对使用价值、选择价值（即将来他们可以选择去该地点旅游产生的价值），还是对存在价值产生的非使用价值（即他们认为当前遗迹的存在为他们及其他人带来的价值）和遗产价值（即为下一代保存遗迹的价值）来说，这种经济效益也可以归于当地居民。

2. 模型定义

条件价值法和选择建模法可以用 RUM 与一个理论框架进行分析。在 RUM 框架下，可供选择的 i 的整体效用可以表示为

$$U_i = V_i + \varepsilon_i \tag{4.1}$$

其中，V 是效用的决定性组成成分；ε 是随机成分，代表对个体选择难以观察的影响。

在公投条件价值法中，参与者被要求在已改善的状态 i 与现状 j 之间进行选择。在式（4.1）中，对两个可选状态使用效用函数，选择状态 i 或 j 的概率是

$$\begin{aligned} \mathrm{Pr}_i &= \mathrm{Pr}(\varepsilon_i - \varepsilon_j \leqslant V_j - V_i) \\ \mathrm{Pr}_j &= \mathrm{Pr}(\varepsilon_j - \varepsilon_i \leqslant V_i - V_j) \end{aligned} \tag{4.2}$$

假设每一种误差项都是第一类极值分布，随机项的差异都是逻辑分布的，那么选择 i 的概率是

$$\mathrm{Pr}_i = \frac{\exp(V_i - V_j)}{1 + \exp(V_i - V_j)} \tag{4.3}$$

这个公式可以使用二项 Logit 模型（Hanemann，1984）进行估计。

在选择建模案例中，选择一个选项而不是另一个选项，意味着这个选项的效用要比另一个选项的效用大。选择 i 选项的概率为

$$\mathrm{Pr}(i) = \mathrm{Pr}\{V_i + \varepsilon_i \geqslant V_j + \varepsilon_j; i, j \in C\} \tag{4.4}$$

其中，C 是所有可能的选项集合。假设误差项为服从参数的 Gumbel 分布，选择选项 i 的概率为

$$\mathrm{Pr}(i) = \frac{\exp(\mu V_i)}{\sum_{j \in C} \exp(\mu V_j)} \tag{4.5}$$

这个公式可以使用条件 Logit 模型来估计，假定参数为 μ。

既然条件价值法和选择建模法都适用相同的 RUM，我们可以将两个数据集合并，检验相对比例因子，这也就解释了未被观察到的影响的异方差或误差方差的异质性（Adamowicz et al.，1998）。合并数据集连接了两个数据集。格点搜索程序可以用来估算相对比例因子，可以帮助检验同参数假设。如果这个假设不能被拒绝，同比例参数的假设就可以被验证。如果同比例参数的零假设不能被拒绝，那么两个数据集可以代表近似的偏好结构。

3. 研究设计

1）条件价值问卷的设计

本节讲述的是给国外游客的问卷，在适当的地方会有国外游客问卷与当地居民问卷不同点的意见评论。

给外国游客的条件价值问卷包含 6 个部分。

第 1 部分包含的信息有，外国游客对于越南和 MySon 的整体态度，类似于为什么选择去越南和 MySon，在旅游之前对于 MySon 的了解，在越南的旅行经历和他们对于 MySon 的态度。

第 2 部分是通过文字、地图和照片对 MySon 清晰的描述进行评估。这一部分的目的是为问卷接受人提供相同的关于 MySon 的特点和现状的信息集。然后，提出提议的修复保护计划。计划将改善 MySon 的情况并将这一遗迹保存至未来，然而，如果继续保持现状，这个景观会恶化。受访者被告知，如果这个计划完成，那么将会实现两件事情：①将会停止现有寺庙的进一步恶化，避免任何进一步的深度损失；②确保这些寺庙可以继续作为后代的文化遗迹。

第 3 部分描述的是支付工具、问卷类型和出价金额。从一次性特别费用角度来看，外国游客的问卷调查要求支付意愿作为指定的计划，因为 MySon 的门票费有所增加。对于本地居民则有税收。这两种支付工具都是强制性的（非自愿），从而使得受访者真实地陈述他们对于保护 MySon 的偏好。

由于公投类问卷对非居民没有太大意义，我们向外国游客提出的支付意愿问题如下：成年人门票涨价了，他们依然会拜访 MySon？或是不会将 MySon 作为旅行中的一站而是将这笔钱用于其他用途？

值得注意的是，一旦外国游客已经在越南了，支付意愿问卷就可以发放给他们。因此，如果我们问他们愿意支付多少钱拜访 MySon，这个问题会把他们放在一个“既成事实”的情况下，就是说，现在他们已经在 MySon，除了支付要求的金额外没有其他地点可去。我们提醒他们，在他们的行程中可能有或者已经有替代场所。这迫使他们思考，如果 MySon 的门票增加超过了问卷上所说的数量，是否仍然值得参观？问卷中所提到的增加金额为 1 美元、5 美元、10 美元和 15 美元。对当地居民而言，增加金额为 5000 越南盾、20 000 越南盾、50 000 越南盾和 100 000 越南盾。

第 4 部分是任务报告，以确定在回答支付意愿问题时存在嵌入或战略行为。

第 5 部分是收集社会经济数据，如性别、年龄、教育、就业状况和收入水平。

第 6 部分包含采访者需要填写的评估问卷。目的是向我们提供来自所有访问者关于采访情况的反馈，以及受访者在受访过程中的关注程度，受访者可能遇到的困难。

2）选择建模问卷的设计

对于外国游客和本地居民，使用两种不同的选择建模问卷格式。选择建模的调查问卷也包括 6 个部分。第 1 部分包含的信息有外国游客对于越南和 MySon 的整体态度；第 2 部分是 MySon 的场景；第 3 部分包含选择建模方案；第 4 部分是事后问卷；第 5 部分是相关社会经济变量；第 6 部分是采访者应回答的评估问题。因此，选择建模法的第 1、2、5 和 6 部分与条件价值法相同。

在选择建模框架中，研究重点在于明确受访者认为重要的 MySon 的保护属性。更准确地说，我们试图估计受访者对于保护 MySon 的不同属性的边际支付意愿。这里设计四个属性：价格（向外国游客征收额外的入场费，通过增加当地居民税收来收取保留费）、建议的保存计划、基础设施升级和附加服务。

属性和属性级别是从对照组与调查问卷的预测试的结果中开发得到的。对属性及其级别的描述见表 4.7。

给定表 4.7 中的属性和级别集合，使用实验设计来设计配对选择集。一共产生 32 个选择集的全集。4 个选择集从设计中被剔除，因为每个选择集都有一个占主导地位的替代选项（也就是说，两个选择中的所有条件都是相同的，除了替代情况下为“更好”的情境）。剩下的 28 个选择集每个都依次被分为 4 个版本的 7 个选择集。这意味着选择建模法使用了 4 种不同的调查问卷，每个受访者被反复询问 7 个选择问题。

为了对选择建模法与条件价值法进行公平比较，选择建模问卷和条件价值问卷框架相同。表 4.7 展示了用于采访外国游客的一个选择集示例。

表 4.7　外国游客选择集示例

属性	当前状态	可选择的替代状态
门票	4 美元	5 美元
建议的保护计划	否	是
基础设施升级	当前情境	当前情境
附加服务	现存服务	多媒体视听服务，临时展览
如果你知道可以选用替代情境的话，你还愿意去拜访 MySon 吗？	选择你喜欢的选项	

4.4　效益转移法

效益转移法是通过测算消费者非直接支出评价资源价值的方法，将已有的某时某地获取的环境经济信息转移到不同时间和地点，对与原有地类似的环境服务和产品进行经济估算。效益转移法是一种简单有效的非市场资源价值评估方法，可大幅度节省价值评估中实地考察的时间、资金、人员及其相关费用，特别适用于时间、空间和费用等受限的情况。与条件价值法和旅行成本法相比，效益转移法不需要发放调查问卷，使用较少的人员在较短时间内可搜集大量已有研究人员的评估结果，通过效益转移模型可直接评估政策地点的资源与环境价值。

4.4.1 效益转移法的产生和发展

当开发项目对自然环境有影响时，越来越多的管理机构要求对项目进行全面深入的费用效益分析。由于开展原始性的评估耗费大量的时间并且成本昂贵，研究者通常无法在法律规定的期限内启动并完成新的评估工作。鉴于时间和经费等限制，机构逐渐开始使用效益转移法进行分析，对在市场上无法交易的环境产品和环境服务赋予货币价值。不同于功效理论，效益转移法是将环境价值从一个自然生态的、经济的、时间和空间场景转移到另外一个不同的场景，而功效理论是根据既定的时间和地点对某一项特别的环境资源和环境服务进行评估。

效益转移法的合成分析发生在20世纪80年代中晚期。Smith和Kaoru（1990）首次发表了用荟萃（Meta）分析对娱乐性价值进行评估的研究成果。鉴于效益转移法在早期应用年份中缺乏详细的理论基础的事实，Smith和Kaoru（1990）指出效益转移应用在很多时候显得更像“经济魔术”而并非科学。Boyle和Bergstrom（1992）在美国水资源研究协会上，针对这种理论和应用方法上的差距提出了一种新的经济学模型用于效益转移法，Richardson等（2015）则对系统的理论合理性和可靠性进行了测试。这种系统的理论是对效益转移理论的一大突破，1990年后期和2000年初期增加了大量效益转移评估应用及报告文献，对效益转移法的理论框架进行了精炼和扩展完善。新的概念和方法被Smith（1992）提出来，并且学术界开展大量实证型的案例实验，用于探索效益转移法的潜在限制条件。随着非市场评估文献的增加，Meta分析作为一种常规统计手段，如在Bateman和Jones（2003）、Woodward和Wui（2001）的研究中，开始广泛应用在效益转移法中。

不仅如此，空间和生物地理分布各异的生态系统产品和服务也开展了效益转移，而研究的案例也逐渐在全球各国展开，并且这种转移不仅仅局限于国内局部地区转移，有学者也开始跨越国界的转移研究。到21世纪初，大量相关效益转移法文献的知识库被组建。为了存储这种研究文献，EPA和加拿大环境部于2005年召开了一个名为"效益转移法和评估数据库"的国际研讨会。该研讨会对多达上千篇专家论文进行了检查、比较和分析研究，主要评估非市场评估数据的状况、效益转移法的理论基础、主要应用和方法比较等。中国国内由于环境经济评估开展较晚，发展有限，但也有学者进行积极的尝试，如赵敏华、李国平等完成了石油开发中环境价值损失的实证研究，他们使用效益转移法评价了陕北煤炭、石油开发、石油跨区开发及炼油厂排污造成的环境损失，使用的是较为简单的数值转移法，简略讨论了效益转移法的有效性，但缺少对效益转移理论和方法系统、深入的探讨。

目前有两种基本价值转移手段，如图 4.4 所示。一种是点价值转移或者单位价值转移。这种方法倾向于直接从原始环境的评估值转移到新的背景中。该方法可将经济估计值转换成货币价值。另一种采用方程价值转移，该方程可以是用原始评估数据，或者以解释变量为基础的价值方程，这种方程的变量描绘定义了具体场景下的生态的属性或者经济选择的条件。在进行经济估算时，需要使用简单价值方程的多因素分析，或者采用计量经济学分析，如结构性效益转移法。方程价值转移的结果由方程中的一系列解释变量决定，单位价值转移的结果由单一点值决定。通常情况下，方程价值转移比单位价值转移更为可靠。

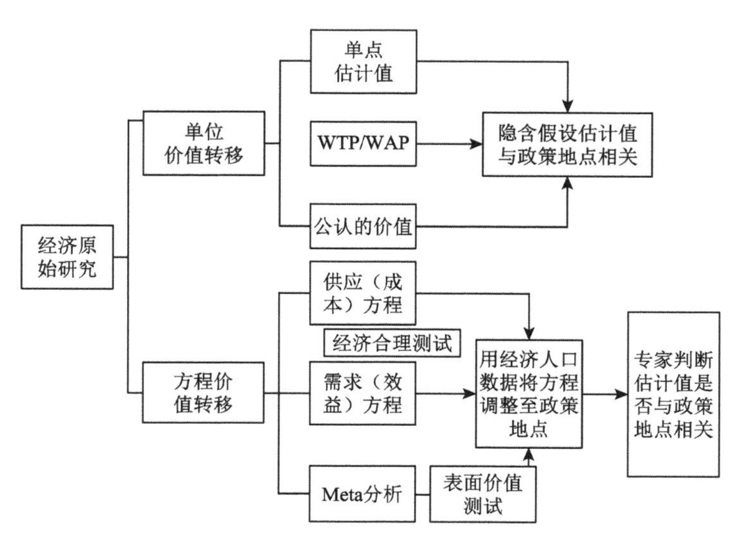

图 4.4 价值转移的基本形式

4.4.2 单位价值转移

单位价值转移包含单点的福利估计（如消费者剩余）、支付或接受的平均意愿（即 WTP/WAP）和官方认可的价值（如折现率及损害补偿）。简单的单位价值转移是平均价值从研究地点到政策地点的直接转化，地点之间的差别没有调整，隐含的假定地点间的估价结果是相同的。未经调整的单位价值转移为

$$\overline{\mathrm{WTP_s}} = \overline{\mathrm{WTP_p}}$$

其中，$\overline{\mathrm{WTP_s}}$和$\overline{\mathrm{WTP_p}}$ 分别是 WTP 在研究地点和政策地点的价值的平均值。假设两个地点之间有差异，调整因素包括相关人群的社会经济和人口的差异及站点间物理特性的差异。调整的单位价值转移计算为

$$\overline{\mathrm{WTP_p}} = \overline{\mathrm{WTP_s}}\left(\frac{A_\mathrm{p}}{A_\mathrm{s}}\left[\frac{Y_\mathrm{p}}{Y_\mathrm{s}}\right]^e\right)$$

其中，A 表示可调节收入差异；Y 是收入；e 是 WTP 的研究地点资源收入弹性。在实践中，通常只调整收入差异的单元值，称为收入可调单位价值转移。

单点估计值（点对点转移）根据先前概述的转移标准，确定文献中最符合政策地点特征的单一研究，并将调整后的通货膨胀单点估计从研究地点转移到政策地点。价值转移的前提是研究地点和政策地点的各种条件（如资源特征、人口特征、福利政策等）是相同的，可直接把研究地点的效益估计均值（如户年均值）转移到政策地点。例如，假设一个决策会增加科罗拉多州北部捕捞鳟鱼的机会，为评估这个管理决策的经济价值，分析人员将寻找一个先前进行过的且方法可靠的研究，对科罗拉多州北部鳟鱼捕捞的消费者剩余价值进行量化，调整所得的通货膨胀估计值，并在其分析中使用该估计。点对点转移是最简单的效益转移方法，具体步骤包括：①确定政策地点的资源环境特征，确定评价需要的信息及评价单位；②搜集相关研究景区的文献；③评估研究地点数据的相关性和适用性；④从一个相关研究或多个相关研究的估计区间中选择一个效益值；⑤用效益值乘以政策地点的单位总体数量。

WTP/WAP 方法是将来自若干研究的平均值应用于感兴趣的政策位置。在以下两种情况下，转移集中趋势的度量比单点估计转移更可取。首先，如果有多个研究满足有效转移的标准，则平均值的估计更准确。其次，如果没有符合理想效益转移所有标准的研究，平均值可以更好地反映该标准，至少部分抵消个别研究中的偏差。平均值隐式地和非系统地对每个研究地点和政策地点间的背景差异进行了调整。作为单位价值的替代，需求和支付意愿函数可用于效益转移。WTP 取决于所提供的生态系统服务的数量或质量及原始调查的人口的社会经济特征：

$$\mathrm{WTP} = B_0 + B_1(\mathrm{Qes}) + B_2(\mathrm{Income}) + B_3(\mathrm{Age})$$

其中，Qes 是被估值的生态系统服务的数量或质量；B_0、B_1、B_2、B_3 是回归系数。该函数允许分析人员根据具体政策地点上生态系统服务的数量和质量（如栖息地的数量、受保护的濒危鱼数量）及用户的关键社会经济特征、平均收入和年龄调整每户的 WTP。Loomis 和 Gonzalez-Caban（1998）提供了一个可用于效益转移的

WTP 函数的示例，并讨论其在政策评估中的应用。这种方法需在现有文献中找到一个 WTP 函数研究，而该研究至少符合 Boyle 和 Bergstrom（1992）的理想效益转移的第一个标准，即待估的生态系统服务与现有文献研究的生态系统服务是相同的。效益函数的转移需要知道政策地点的自变量的值，并假定研究地点和政策地点的相关变量和自变量间的统计关系是相同的(Rosenberger and Loomis，2003)。

公认的价值应用了行政批准的价值，如美国《森林与牧场可再生资源规划法》对再造和其他资源的价值规定，或美国水资源协会的再造单位日价值。这些通常来自现有的实证证据、专家判断和政治筛选的组合（Rosenberger and Loomis，2003）。广泛的生态系统服务的单位价值转移已经被采用，经常作为研究中使用的几种转移方法之一。

4.4.3　方程价值转移

方程价值转移包含供给（消费）功能（收敛效度检验）、需求（有利）功能（价值表面测试）及 Meta 分析。在方程价值转移中，估计系数表示研究地点到政策地点的转移。该方法隐含的假设是，研究地点和政策地点中解释 WTP 的协变量和解释力是相同的，这被视为功能转移的主要限制。例如，假设开放式条件价值法研究地点的 WTP 估计可表述为以下线性函数：

$$\mathrm{WTP_s} = a_0 + a_1 G_\mathrm{s} + a_2 H_\mathrm{s}$$

其中，s 表示研究地点；a_0～a_2 估计系数是行向量；G 表示网站特点；H 表示日常特征。效益转移方程的估计系数（a_0～a_2）、回归方程和替代品解释变量的平均值（G 和 H）数据来源于政策地点普查或其他可靠的数据。转移 WTP 可表示为

$$\mathrm{WTP_p} = a_0 + a_1 G_\mathrm{p} + a_2 H_\mathrm{p}$$

其中，p 表示政策地点；a_0～a_2 是来自研究网站的传输系数；G_p、H_p 是站点的平均值在政策地点的日常属性。对政策景区进行整个函数的转移，考虑了景区特征、人口特征、景区质量和景区选择在空间和时间维度的差异等因素，可增强转移结果的准确性。

需求函数转移是利用一个或几个研究地点的需求函数直接估计政策地点资源价值的方法，主要步骤包括：①确定政策地点的资源环境特征，确定评价需要的信息及评价单位；②搜集相关研究地点的文献；③评估研究地点数据的相关性和适用性，以及需求函数是否是确定的；④调整需求函数以适应政策地点的特征，并预测效益值；⑤用效益值乘以政策地点的单位总体数量。需求函数转移的难点在于原始研究的数据收集和模型的规范问题。需求函数中的影响因素与研究地点是相关的，但不一定与政策地点相关。此外，政策地点的许多影响因素不能通过研究地点完成数据收集，给景区效益值的评估带来不确定性。

Meta 分析是通过对已有研究数据进行整理和分析，找出不同研究结果间统计关系的方法。无论是数值转移还是需求函数转移，都要求研究地点和政策地点在资源属性、地理位置、人口统计学特征等方面具有较高的相似性，这些假设条件会带来较大转移误差。基于 Meta 分析的效益转移是以自然资源价值评价的现有实证研究为样本，采用多元回归分析方法估计效益转移函数。函数的因变量是实证研究文献中通过旅游成本法、条件价值法等方法评估出来的资源价值量，通常表示单位最大支付意愿或消费者剩余。函数的自变量包括已有研究文献中研究地点的地理特征、资源属性、评价方法、问卷调查方式、消费者人口统计特征等变量。根据 Meta 回归模型，研究者或决策者可通过效益转移函数估计政策地点的资源价值，并针对政策地点资源的不同特征对效益转移方程进行调整，提高转移价值的准确性。基于 Meta 分析的效益转移方程的一般形式为

$$V_{\mathrm{p}} = f_{\mathrm{s}}(Q_{\mathrm{s/p}}, X_{\mathrm{s/p}}, M_{\mathrm{s/p}})$$

其中，V 是资源与环境的价值，通常用 C_{s} 或 WTP 表示；p 表示政策地点；s 表示研究地点；$Q_{\mathrm{s/p}}$、$X_{\mathrm{s/p}}$、$M_{\mathrm{s/p}}$ 是以研究地点样本为基础调整的符合政策地点特征的各个解释变量矩阵，其中 Q 为自然资源的地理特征，X 为自然资源的类型，M 为资源与环境价值的评价方法的矩阵变量。上式表明政策地点资源与环境的价值可通过调整研究地点的效益转移函数而获得。基于 Meta 分析的效益转移函数能通过大量研究信息提供更加严密的集中趋势值，并能分析和揭示不同非市场价值评估技术的差异和关系。

4.4.4 效益转移法的适用条件

效益转移法的理论框架超越了传统的非市场评估的经济学效用理论，其解释变量不完全遵循严格的功效理论模型结构。原始研究地点和目标政策地点在评估方法、研究设计、社会人口特征、环境保护态度和地点自然环境等方面的差异，都会影响转移后的效益估计值。原始研究地点和目标政策地点需遵循商品一致性、市场一致性、福利测量一致性的原则，以保证效益转移结果的可靠性。商品一致性指原始研究地点和效益转移地点具有相同的资源或者基于大范围的数据能够建立起同一组合模型。市场一致性指原始研究地点和效益转移地点具有相同的人口特性和市场条件，两个地区资源的变化是相同的。福利测量一致性指两地具有有效、详细、准确的数据，能够展开区域间的有效性比较，且两地具有相同数量和类型的替代品及相同的时间周期。商品、市场或福利测量上的差异需采取一定措施进行调整，以满足效益转移的前提。

效益转移法因其显著优点被广泛适用。与原始研究相比，效益转移法通常能节省大量财力，可在较短时间内获取环境评估结果，可为是否需要全面深入地开

展原始研究提供初步判断和参考。但效益转移结果的准确性比原始研究差，且大多原始研究不是立足于效益转移开展的，这限制了效益转移原始数据的获得，并会直接影响效益转移的有效性。在缺乏合适的类似原始研究时，效益转移也不再适用。例如，一些已经存在的研究是基于独特的景区或者在独特的条件下进行的价值评价，这些研究的独特性使其无法用于效益转移。

环境效益转移误差主要来源有以下三种。

（1）总体概括误差，来源于原始研究地点（已有价值评估值）和目标政策地点（价值转移值）间的差异。原始研究地点和目标政策地点的物理和市场特征越接近，概括性误差越小。例如，原始研究地点为发达国家，效益转移则可能用于发展中国家。这些国家存在不同的社会经济条件、基础设施、机构设置和汇率等。国际效益转移存在货币转换、使用者的属性不同、国家间的收入水平不同、文化背景不同、市场程度不同等问题。这些问题都会影响国际效益转移的准确性。

（2）测量误差，来源于原始研究中的使用方法及研究判断。采样误差、方法学因素和原始研究中的判断都会使误差增加。Brookshire 和 Neill（1992）在美国水资源研究协会专刊研究中指出，效益转移结果极大地依赖于原始评估结果质量，效益转移评估最多只能取得和原始研究评估结果一样准确的结果。早期研究表明，效益转移法的准确程度部分取决于原始研究的测量误差。部分测量误差不可避免地从原始价值评估值中引入效益转移法中，如果不仔细采取措施减少原始评估价值中的误差，这种测量误差在最后效益转移法评估值中还可能会放大。

（3）来源于审稿和编辑过程的报告偏差。效益转移的误差可用下式表示：

$$V_{Ti} = V_{Pj} + \delta_{ij}$$

其中，V_{Pj} 是使用其他非市场资源价值评价方法测量出来的政策景区价值；V_{Ti} 是从政策景区 i 转移过来的价值；δ_{ij} 是转移的误差项（该误差项是应用于其他非市场资源价值评价方法评估出来的价值与转移价值之间的差值）。有效性的统计量（λ）是误差的百分比，用下式表示：

$$\lambda = \frac{V_{Ti} - V_{Pj}}{V_{Pj}} \times 100\%$$

为提供准确有效的政策景区资源价值评估，需使效益转移的总体误差项最小，即 λ 值最小。

4.4.5　效益转移法的应用

本案例在前面对效益转移法理论和方法进行系统的总结，归纳出方法的理论基础、分析步骤、应用条件及优缺点的基础上，结合大连星海公园的实际情况开展实证研究，利用效益转移法对景区的旅游资源价值进行评价。

1. 案例介绍及方法选取

星海公园是大连历史悠久的、多功能综合性的海滨公园，由占地 15 万 m^2 的陆域园林和长 800 多 m 的弓形海水浴场组成，为国内外游客提供了游泳、漫步、露营、划船、钓鱼和野餐等活动的理想场所。由于地理位置的原因，旅客主要来自辽宁、吉林和黑龙江，分别占到了旅客总数的 36%、10%、9%，主要是以自驾方式出行的旅客。旅行时间集中在 3h 以内。另外，研究样本中 2/3 的旅客在一年中游览次数超过一次，平均游览次数为 2.56 次。

由于星海公园的资源开发会影响资源的游憩价值，原始数据收集受时间和预算的约束，我国旅游资源价值评价的实证研究数量相对较少，评价质量参差不齐，实证研究中有关旅游者社会经济特征、景区属性、旅游活动类别等信息不完全，国内存在的相似性研究很少，那么由图 4.5 可得，采用 Meta 分析函数的效益转移法，其有效性和可行性最大。那么本案例将基于 Meta 分析函数的效益转移法从国内视角评价星海公园的旅游资源游憩价值。

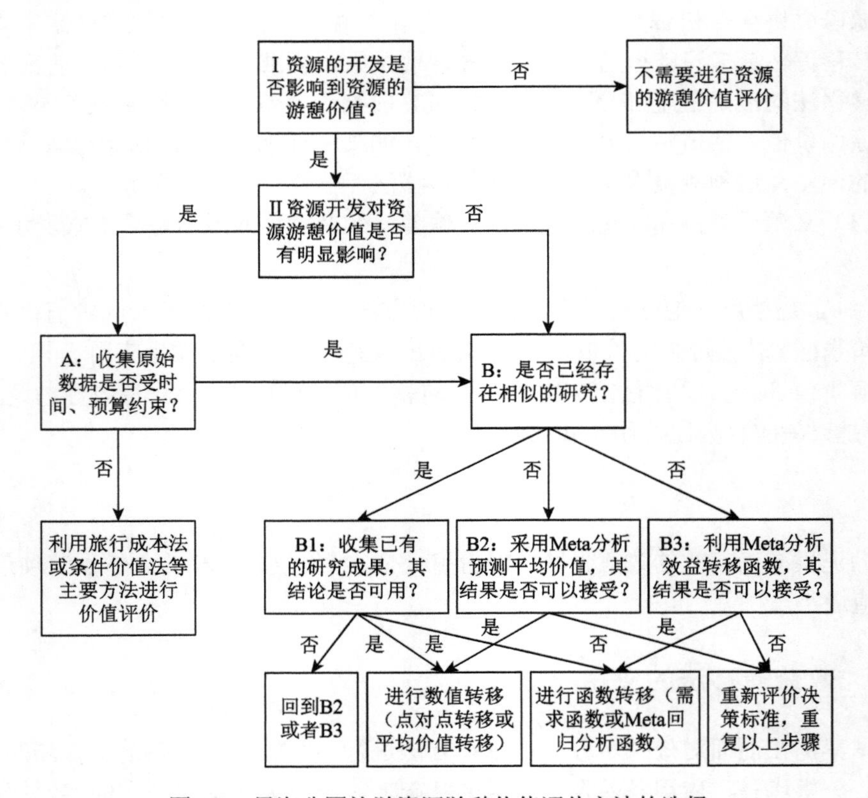

图 4.5　星海公园旅游资源游憩价值评估方法的选择

2. Meta 分析函数模型的建立

建立模型的关键是研究变量的识别，选择每人每天消费者剩余作为因变量，自变量包括地点属性、活动分类、方法分类和游客的社会经济特征变量。

由于国内游憩价值评价文献较少，信息不完全，建立回归模型时无法设置景区特征和游客特征变量。旅行成本法则主要分为两类，分别是 ZTCM 和 ITCM。由于数据库总体样本数量较少，本案例研究仅设置滨海这一景区特征变量，原始研究评价的旅游资源属于滨海或者与滨海有关的，设为 1；否则设为 0。

由于国内研究不够深入，多数旅游价值评价文章只给出了单一的资源评估价值，本案例分析假设没有面板数据的影响，采用经典的 OLS 建立 Meta 回归模型。通常的 Meta 分析函数形式为

$$\mathrm{CS}_{ij}=\beta_0+\beta_1\mathrm{METHOD}_{ij}+\beta_2\mathrm{SITE}_{ij}+\beta_3\mathrm{ACTIVITY}_{ij}+\beta_4\mathrm{SOCECO}_{ij}+\varepsilon_{ij}$$

其中，CS 是每天的消费者剩余；$\beta_n(n=1,2,3,4)$ 是解释变量的系数；METHOD 是方法变量；SITE 是具体景区特征的变量；ACTIVITY 是娱乐活动变量；SOCECO 是社会经济变量；误差项 ε 是测量和研究误差；下角标 ij 代表第 j 个已存在研究的第 i 个结果。

依据上述方程，将评价星海公园的属性值或者样本均值代入方程中（表 4.8）。通过国内效益转移，大连星海公园每人每天的消费者剩余为 530.47 元，其平均误差是 3.1%。根据国外的研究，Meta 回归方程可以提供的平均误差率为 24%～30%，而国内效益转移的平均误差率远小于这个范围，说明国内的效率转移可接受并且准确率很高。调查显示，每年游览星海公园的总人次为 251.136 万，计算得出星海公园的游憩价值为 13.32 亿元。

表 4.8　大连星海公园的消费者剩余

项目	系数	样本均值
因变量		
消费者剩余		979.86 元
自变量		
ZTCM	2301.35	0.73
ITCM	2893.59	0.07
平均工资率	3222.51	0.59
游客实际工资率	4893.76	0.34
机会成本系数	–5654.81	0.32

续表

项目	系数	样本均值
TREND（从 1995 年开始）	−219.56	10.07
滨海	−1519.74	0.05
线性方程	−1405.84	0.27
R^2	0.71	
ΔR^2	0.61	
观测值	41.00	
大连星海公园的消费者剩余		530.47 元

参 考 文 献

傅缀宁，王建国. 1987. 三峡工程对生态与环境影响的经济评价. 北京：科学出版社.

过孝民，张慧勤. 1990. 我国环境污染造成的经济损失估算. 中国环境科学，10（1）：51-59.

何德炬，方金武. 2008. 市场价值法在环境经济效益分析中的应用. 安徽工程科技学院学报（自然科学版），23（1）：68-70.

李晓光，苗鸿，郑华，等. 2009. 机会成本法在确定生态补偿标准中的应用——以海南中部山区为例. 生态学报，9：4875-4883.

宋赪，王丽，董小林. 2006. 西安环境污染经济损失估算与分析. 长安大学学报（社会科学版），8（4）：56-61.

Adamowicz W，Boxall P，Williams M，et al. 1998. Stated preference approaches for measuring passive use values：choice experiments and contingent valuation. American Journal of Agricultural Economics，80（1）：64-75.

Bartik T J. 1987. The estimation of demand parameters in hedonic price models. Journal of Political Economy，95（1）：81-88.

Bateman I J，Jones A P. 2003. Contrasting conventional with multi-level modeling approaches to meta-analysis：expectation consistency in UK woodland recreation values. Land Economics，79（2）：235-258.

Bateman J R，Lee A M，Wu C T. 2006. Site-specific transformation of *Drosophila* via phiC31 integrase-mediated cassette exchange. Genetics，173：769-777.

Boxall P. 1996. The strategic HRM debate and the resource based view of the firm. Human Resource Management Journal，6（3）：59-75.

Boyle K J，Bergstrom J C. 1992. Benefit transfer studies：myths，pragmatism，and idealism. Water Resource Research，28（3）：675-683.

Braga J，Starmer C. 2005. Preference anomalies，preference elicitation and the discovered preference hypothesis. Environmental Resource Economics，32：55-89.

Brookshire D S，Neill H R. 1992. Benefit transfers：conceptual and empirical issues. Water Resources Research，28（3）：651-655.

Champ P A，Bishop R C. 2001. Donation payment mechanisms and contingent valuation：an empirical study of hypothetical bias. Environmental & Resource Economics，19（4）：383-402.

Ciriacy-Wantrup S V. 1947. Capital returns from soil-conservation practices. American Journal of Agricultural Economics，Agricultural and Applied Economics Association，29（4）：1181-1196.

Clawson M. 1959. Methods of Measuring the Demand for and Value of Outdoor Recreation. Washington：Resource Future.

Costanza R，d'Arge R，Rudolf G，et al. 1997. The value of the world's ecosystem services and natural capital. Nature，387：253-260.

Ekstrand E R，Loomis J. 1998. Incorporating respondent uncertainty when estimating willingness to pay for protecting critical habitat for threatened and endangered fish. Water Resources Research，34：3149-3155.

Epple D. 1987. Hedonic prices and implicit markets：estimating demand and supply functions for differentiated products. Journal of Political Economy，95（1）：59-80.

Ferrini S，Scarpa R. 2007. Designs with a priori information for nonmarket valuation with choice experiments：a Monte Carlo study. Journal of Environmental Economics and Management，53：342-363.

Hanemann W M. 1984. Welfare evaluations in contingent valuation experiments with discrete response. American Journal of Agriculture Economy，66：332-341.

Hanley N，Kirkpatrick H，Simpson I，et al. 1998. Principles for the provision of public goods from agriculture：modeling moorland conservation in Scotland. Land Economics，74：102-113.

Hotelling H. 1947. Multivariate Quality Control Illustrated by Air Testing of Sample Bombsights. New York：McGraw Hill.

Huber J，Zwerina K. 1996. The importance of utility balance in efficient choice designs. Journal of Marketing Research，33（3）：307-317.

Lehtonen R，Särndal C E，Veijanen A. 2003. The effect of model choice in estimation for domains，including small domains. Survey Methodology，29（1）：33-44.

Loomis J B，Gonzalez-Caban A. 1998. A willingness-to-pay function for protecting acres of spotted owl habitat from fire. Ecological Economics，25（3）：315-322.

Lusk J L，Norwood F B. 2005. The effect of experimental design on choice-based conjoint valuation estimates. American Journal of Agricultural Economics，Agricultural and Applied Economics Association，87：771-785.

Mitchell R C，Carson R T. 1989. Using Surveys to Value Public Goods：The Contingent Valuation Method. Washington：Resources for the Future.

Richardson L，Loomis J，Kroeger T. 2015. The role of benefit transfer in ecosystem service valuation. Ecological Economics，115：51-58.

Ridker R，Henning J. 1967. The determinants of residential property values with special reference to air pollution. The Review of Economics and Statistics，49（2）：246-257.

Rosen S. 1974. Hedonic prices and implicit markets：product differentiation in pure competition. Journal of Political Economy，82：34-55.

Rosenberger R，Loomis J. 2003. Benefit transfer. In：Champ P A，Boyle K J，Brown T C. A Primer on Nonmarket Valuation. Norwell：Kluwer Academic Publishers：445-482.

Sandor Z，Wedel M. 2001. Designing conjoint choice experiments using managers' prior beliefs. Journal of Marketing Research，38（4）：430-444.

Shamima A，Rahman M M. 2009. Direct and indirect effects of socioeconomic factors on age at first marriage in slum areas，Bangladesh. Chinese Journal of Population Resources & Environment，7（3）：79-82.

Smith V K，Kaoru Y. 1990. Signals or noise? Explaining the variation in recreation benefit estimates. American Journal of Agricultural Economics，72（2）：419-433.

Smith V K. 1992. On separating defensible benefit transfers from "smoke and mirrors". Water Resources Research，28（3）：

685-694.

van Kooten G C, Krcmar E, Bulte E H. 2001. Preference uncertainty in non-market valuation: a fuzzy approach. American Journal of Agricultural Economics, 83（3）: 487-500.

Woodward R T, Wui Y S. 2001. The economic value of wetland services: a meta-analysis. Ecological Economics, 37（2）: 257-270.

第5章　环境损害修复方案的筛选

5.1　引　　言

生态环境损害的鉴定评估是鉴定评估机构按照规定的程序和方法，综合运用科学技术和专业知识，鉴别污染物性质，评估污染环境或破坏生态行为所致环境损害的范围和程度，判定污染环境或破坏生态行为与环境损害间的因果关系，确定生态环境恢复至基线状态并补偿期间损害的恢复措施，量化环境损害数额的过程。生态环境损害鉴定评估的具体步骤和技术如图5.1所示。

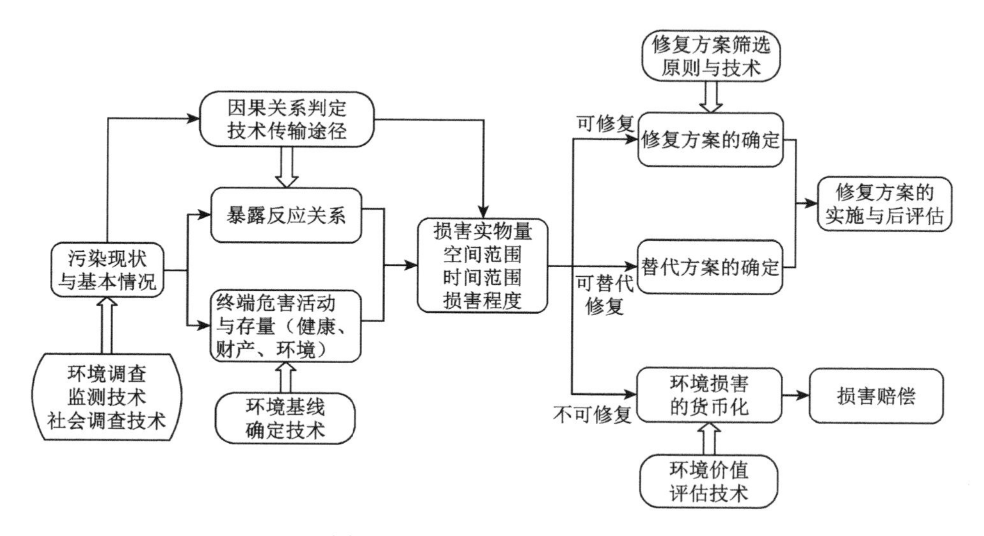

图5.1　环境损害评估技术剖析

环境损害修复方案常通过成本效益分析法进行筛选，以各方案的预期收益和损失为依据，对方案进行优劣比较和可行性判断（Pearce，1998）。成本效益分析法采用经济估价方法调查支付意愿问题，对环境损害和效益进行量化（Bockstael and McConnell，2007）。成本效益分析需要考虑不确定性因素，自然系统涉及无数相互作用的实体，环境损害程度不确定且易出现大范围的波动（Pearce，1998）。决策者面临以下问题：如果有可能不会发生不利影响，应有多少投资于减灾准备？近几十年来，贝叶斯网络在环境研究和管理领域越来越受欢迎（Varis and Kuikka，

1999)。贝叶斯网络是描述具有概率变量和它们之间链接系统的模型，对不确定性问题的解决具有显著效果。贝叶斯网络将决策和效用节点添加到网络中来构建影响因素关系图，能够整合各种类型的数据，为成本效益分析提供了一个有效的不确定性处理工具。目前，贝叶斯网络方法已经应用于富营养化的管理、农药管理、综合池塘管理。

5.2 环境损害修复的分类

生态环境损害的评估应首先确定环境损害修复或恢复的目标：将受损的生态环境恢复至基线状态，将受损的生态环境修复至可接受风险水平，将受损的生态环境先修复至可接受风险水平再恢复至基线状态，将受损的生态环境在修复至可接受风险水平的同时恢复至基线状态。

根据具体的修复目标，环境损害修复可划分为基本修复、补偿性修复和补充性修复。基本修复的目标是使受损的环境及其生态系统服务复原至基线水平。补偿性修复的目标是补偿环境被损害到恢复至基线水平期间，受损环境原本应该提供的资源或生态系统服务。若基本恢复和补偿性恢复未达到预期恢复目标，则需开展补充性恢复，以保证环境恢复到基线水平，并对期间损害给予等值补偿。如果环境污染或生态破坏导致的生态环境损害持续时间不超过一年，只需开展基本恢复；否则，需同时开展基本恢复与补偿性恢复。

总体来看，修复方案的制定应采用科学的方法，综合考虑修复目标、修复效果、修复时间、修复成本、修复工程对环境的影响等因素。在掌握环境损害性质、程度、范围及对人群或生态环境的危害的基础上，合理选择修复技术，因地制宜地制定修复方案，使修复目标可达，修复工程切实可行。综合考虑环境安全性、成本效益和技术水平要素，合理选择修复措施。当所有的恢复方案都无法避免产生较大的二次污染或对环境造成严重的干扰，当前技术水平下恢复行动耗资巨大，或者当前技术水平下无法恢复受损的环境及其生态系统服务时，可以考虑采用自然恢复措施。

5.3 环境损害修复方案的评估方法

环境损害修复方案的效益可通过资源等值分析方法、服务等值分析方法、价值等值分析方法、环境价值评估方法评估。首先，优先选择替代等值分析方法中的资源等值分析方法和服务等值分析方法。如果受损的环境以提供资源为主，采用资源等值分析方法；如果受损的环境以提供生态系统服务为主，或兼具资源与生态系统服务，采用服务等值分析方法。采用资源等值分析方法或服务等值分析方法应满足以下两个基本条件：恢复的环境及其生态系统服务与受损的环境及其生态系统服务具有同等或可比的类型和质量；恢复行动符合成本有效性原则。

如果不能满足资源等值分析方法和服务等值分析方法的基本条件，可考虑采用价值等值分析方法。如果恢复行动产生的单位效益可以货币化，考虑采用价值-价值法；如果恢复行动产生的单位效益的货币化不可行（耗时过长或成本过高），则考虑采用价值-成本法。同等条件下，推荐优先采用价值-价值法。

如果替代等值分析方法不可行，则考虑采用环境价值评估方法。以方法的不确定性为序，从小到大依次建议采用直接市场价值法、揭示偏好法和陈述偏好法，条件允许时可以采用效益转移法。以下情况推荐采用环境价值评估方法：当评估生物资源时，如果选择生物体内污染物浓度或对照区的发病率作为基线水平评价指标，由于在生态恢复过程中难以对其进行衡量，推荐采用环境价值评估方法；由于某些限制原因，环境不能通过修复或恢复工程完全恢复，采用环境价值评估方法评估环境的永久性损害；如果修复或恢复工程的成本大于预期收益，推荐采用环境价值评估方法。

5.4　环境损害修复方案的筛选方法

5.4.1　基本恢复方案的筛选与确定

基本恢复是在确认生态环境损害发生、确定其时空范围并判定污染环境或破坏生态行为与生态环境损害间因果关系的基础上，选择合适的替代等值分析方法，确定最优的恢复方案，估算实施最优恢复方案所需的费用。基本恢复方案可以选择人工恢复措施，也可以选择自然恢复措施。人工恢复适用于目前技术水平下能够有效恢复受损环境及其生态系统服务且符合成本效益原则的情形。自然恢复措施适用于以下情形：所有的恢复方案都无法避免产生较大的二次污染或对环境造成严重的干扰；目前技术水平下恢复行动耗资巨大，不符合成本效益原则；目前技术水平下，无法恢复受损的环境及其生态系统服务。

综合采用现场勘察、专家咨询、德尔菲法及费用-效果分析等方法对备选恢复方案进行初步筛选。优先选择能提供与损失的资源和服务同等类型、同等质量或具有可比价值的资源和服务的恢复方案，其次考虑能够提供可比类型和质量的恢复方案。经过初步筛选的方案可以根据以下原则进行进一步筛选：有效性，即恢复方案应该能够实现对受损环境的恢复、修复或重置；合法性，即符合国家或地方相关法律法规、标准和规划等；保护公众健康和安全，即恢复工程不得危害公众健康和安全；技术可行性，即恢复方案应该有较高的成功的可能性，并在技术上可行；公众可接受，即恢复方案应该达到公众可接受的最低限度，恢复方案的实施不得产生二次损害；减小环境暴露，即恢复方案应该尽量降低环境的污染物暴露量与暴露水平，包括污染物的数量、流动性和毒性等。进一步对经过定性筛选的基本恢复方案进行偏好筛选，一般采用定性与定量相结合的方法，如层次分析法，进行选择判断。

如果通过定性筛选和偏好筛选，有两种或更多可选方案时，利用成本效益或成本效果分析方法进行评估，选择成本效益或成本效果比最优的方案。如果所有恢复方案的成本均大于预期收益，建议采用环境价值评估方法进行评估。通过对基本恢复方案的筛选，确定最优恢复方案后，需进一步确定最优恢复行动或措施的实施范围、恢复规模和持续时间等。

5.4.2 补偿性恢复方案的筛选和确定

补偿性恢复是在基本恢复方案的基础上，选择合适的替代等值分析方法，评估期间损害并提出补偿期间损害的恢复方案，估算实施恢复方案所需的费用。替代等值分析方法以恢复受损环境为目标制定恢复方案或评估恢复费用，保证实施恢复手段后环境所拥有的资源和所提供的生态系统服务与污染或破坏发生前等量或好于污染或破坏发生前的基线状况；替代等值分析方法用于确定由生态环境损害而导致的资源或服务的类型和数量的损失（该损失随时间变化），以及弥补该损失所采取的措施类型及其数量。替代等值分析方法包括资源等值分析方法、服务等值分析方法和价值等值分析方法。

损害表示因环境污染或生态破坏而使环境与资源遭受的损害或损失数量，损害通常是多方面的，因为生态环境损害会对许多物种、栖息地、生态系统功能及人类使用和非使用价值带来不利影响。此外，损害的时空范围及损害程度也因损害的度量方式而异。效益是通过补偿性或补充性恢复获得的资源或服务效益的数量。用量化损害所用的量度单位对恢复方案的数量、类型和大小进行量化，使恢复方案预期产生的效益大于或等于损害或损失。等值分析方法的一般步骤为：量化生态环境损害或损失；确定单位效益的预期恢复量；用总的损害或损失除以单位效益恢复量，得出需要的恢复总量或恢复方案所需经费。

期间损害的大小取决于基本恢复方案的恢复路径与恢复所需的时间。从图 5.2 可以看出，期间损害量的计算高度依赖于对受影响区域采取的基本恢复方法类型。若采取人工恢复措施，受损的资源与服务可以较快地恢复到基线状态，相应的期间损害量较小（若采用人工恢复措施，期间损害量为 A 区域）；若采取自然恢复措施，受损的资源与服务恢复到基线状态需要较长时间，相应的期间损害量较大（若采用自然恢复措施，期间损害量为 $A+B$ 区域）。可以说，环境资源量和服务量的期间损害与所选择的基本恢复方案密切相关，即所选择的基本恢复方案很大程度上决定了环境资源量和服务量的期间损害量。

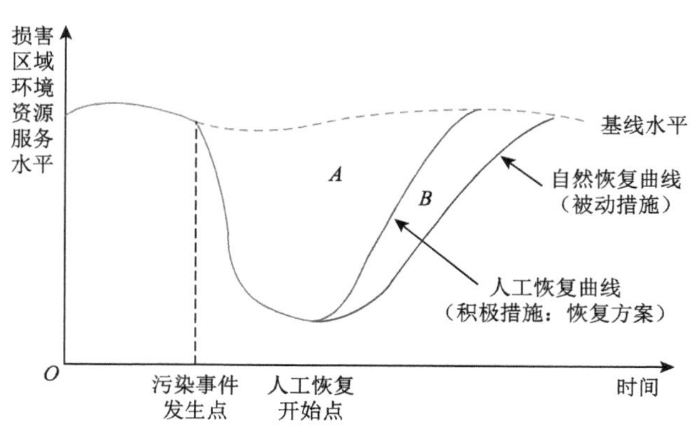

图 5.2　环境的恢复过程

5.5　环境损害修复方案评估模型

成本效益分析是通过比较项目的全部成本和效益来评估项目价值的一种方法。其基本原理是针对某项支出目标，提出若干实现该目标的方案，运用一定的技术方法，计算出每种方案的成本和收益，通过比较方法，并依据一定的原则，选择出最优的决策方案。成本效益分析在环境损害问题中的应用步骤为：弄清问题类型和确定分析范围，找出各环境要素或功能损害关系，用货币表示损害和效果，对计算的费用和效益进行贴现，综合评价费用和效益［计算净现值（net preset value，NPV），进行比较分析］。成本效益分析法的常用指标包括效费比$\left(a=\dfrac{\text{PVTB}}{\text{PVTC}}\right)$和净效益$(\text{PVNB}=\text{PBTB}-\text{PVTC})$。

环境损害修复方案涉及许多发生在未来（或不同时间）的费用和效益，需将不同时期的现金流折现，进而进行成本和效益的对比，综合评价项目价值。不同时期现金流折现率（R_{e}）要低于社会折现率（R_{s}），即$R_{\text{e}}=R_{\text{s}}(1-\alpha)$，其中$\alpha=X(1+1/\text{Eic})$是与环境改善难易程度（Eic）、环境费用和总支出之比有关的量（X），α作为一个修正因子。采用复利的方式计算从开始到未来 n 年获得的效益或费用的现值，即$\text{PVC}=\sum_{t=1}^{n}\dfrac{C_t}{(1+r)^t}$或$\text{PVB}=\sum_{t=1}^{n}\dfrac{B_t}{(1+r)^t}$。每年发生等量费用或效益的情况下可简化为$\text{PVC}=\dfrac{(1+r)^n-1}{r(1+r)^n}C_t$或$\text{PVB}=\dfrac{(1+r)^n-1}{r(1+r)^n}B_t$。

环境损害评估中涉及许多不确定性问题：特殊污染源的确认、污染物排放的最终收纳体、对受纳体的实际有形影响、受纳体影响的货币价值评价、控制措施产生的预期效果、费用与效益的时空分布。敏感性分析和概率分析是判断不确定性和风险因素的常用方法。敏感性分析是通过分析、预测项目的主要因素发生变化时对经济指标的影响，从中找出敏感性因素，确定其影响程度，也可以表示为评价指标达到临界点时，允许某个因素变化的最大幅度。概率分析是根据不确定因素和分析因素可能发生的概率，计算风险对经济指标影响的一种定量分析方法。简单的概率分析可以计算项目净现值的期望值和净现值大于或等于 0 时的累计概率。不确定条件下的成本估算为

$$C_{1t}=\begin{cases}C_{2t}-f_t-T_{ct} & (t=0,1,\cdots,m-1)\\ C_{2m}-f_m-T_{cm}-r_m & (t=m)\end{cases}$$

其中，C_{1t} 是用户在第 t 年的项目成本；C_{2t} 是用户在第 t 年的各项投资及费用，如设备、施工、研究费用及其他附加费用；f_t 是第 t 年的基金补贴；T_{ct}、T_{cm} 分别是第 t 年和第 m 年的税金折扣；r_m 是第 m 年末为实行项目所购买的原有设备的残值；m 是项目寿命期。

B_{1t} 是实施项目后所获得的收益，以往对环境项目进行评价时，无论采用哪种指标，都是在假定其现金流量一定的条件下进行计算的。由于每个项目方案都包含许多不确定因素，在考虑了各种不确定因素的前提下，应用概率分析方法求出方案的净现值及净现值的期望值和方差，再根据其分布函数求出净现值大于 0 的概率（即该方案达到满意经济效果的概率）。设有 N 种方案且各种方案的现金流量状态所对应的现金流序列为 $\{B_{1tj}-C_{1tj}\mid t=0,1,\cdots,m;j=1,2,\cdots,N\}$，各种状态所发生的概率为 $P_j\left(j=1,2,\cdots,N;\ \sum_{j=1}^{N}P_j=1\right)$，则在第 j 种状态下，方案的净现值为

$$V_{1,j}=\sum_{t=0}^{m}\frac{B_{1tj}-C_{1tj}}{(1+i_0)^t}$$

其中，$B_{1tj}-C_{1tj}$ 是 j 种状态下第 t 周期的净现金流；i_0 是基准折现率。该净现值的期望值为 $E(V_1)=\sum_{j=1}^{N}V_{1j}P_j$。净现值的方差为 $D(V_1)=\sum_{j=1}^{N}[V_{1j}-E(V_1)]^2P_j$。设方案中的随机现金流近似服从正态分布，即连续性随机变量 V_1 服从参数为 $\mu=E(V_1)$、$\sigma=\sqrt{D(V_1)}$ 的正态分布。

令 $Z=\dfrac{V_1-\mu}{\sigma}$，可得

$$P(V_1 \geqslant 0) = 1 - P(V_1 < 0) = 1 - P\left(Z < \frac{0-\mu}{\sigma}\right) = 1 - \Phi\left(-\frac{\mu}{\sigma}\right)$$

如果 $P(V_1 \geqslant 0)$ 较大，说明这个项目的风险较小，用户可以考虑实施该方案；如果 $P(V_1 \geqslant 0)$ 较小，则说明这个项目风险较大，用户实施该方案时需谨慎。

5.6 案例分析

特殊的能源结构是中国城市大气污染严重的主要原因，SO_2 排放量的 90%、烟尘排放的 73%来自煤炭的燃烧，与煤炭相比，天然气燃烧排放的污染物很少，几乎达到零排放。国内天然气储藏量和煤相比要小很多，而且过去一直主要作为化工原料使用，在国家控制下严格执行计划分配。下面论证大城市内天然气替代燃煤作民用燃料的环境经济合理性。

分析步骤如下：

（1）建立用于估算燃煤排放大气污染物造成的环境健康损害价值的剂量-反应函数。

（2）估算由于天然气对煤炭进行置换改善大气环境的程度。

（3）计算替换后所能够避免的环境健康损失，所避免的环境损害价值就成为环境效益，计算替换后所能够产生的其他效益，如节省占地等。

（4）计算天然气替换燃煤的所有费用。

（5）计算项目的净现值和内部收益率。

主要污染物 PM_{10} 和 SO_2 造成的健康损失如下

$$\Delta D_a = R_1 \times \Delta PM_{10} \times POP \times N_{PM_{10}}$$

$$\Delta D_b = R_2 \times \Delta SO_2 \times POP$$

其中，ΔD_a 是由 PM_{10} 引起的病例增加数；ΔD_b 是由 SO_2 引起的病例增加数；R_1、R_2 分别是 PM_{10} 和 SO_2 造成的健康损失剂量-反应系数；ΔPM_{10} 是 PM_{10} 的年均浓度变化值；ΔSO_2 是 SO_2 的年均浓度变化值；POP 是暴露人口数；$N_{PM_{10}}$ 是一年内 PM_{10} 浓度超过标准的天数。

计算 PM_{10} 造成的损失，以世界卫生组织标准为临界值（使用 EXMOD 模型），如表 5.1 所示。

表 5.1　PM_{10} 造成的损失

污染物	健康影响	系数		
		低	中	高
PM_{10}	死亡率（≥65%）/[例/(d·人·μg·m³)]	1.01×10^{-7}	1.69×10^{-7}	2.54×10^{-7}
	发病率（<65%）/[例/(d·人·μg·m³)]	1.40×10^{-9}	2.30×10^{-9}	3.50×10^{-9}

续表

污染物	健康影响	系数		
		低	中	高
PM_{10}	成人慢性支气管炎（CB）（≥25 岁）/[例/(a·人·μg·m^3)]	3.0×10^{-5}	6.1×10^{-5}	9.3×10^{-5}
	因呼吸系统疾病医院就诊（RHA）/[例/(d·人·μg·m^3)]	1.8×10^{-8}	3.3×10^{-8}	4.8×10^{-8}
	急诊室就诊（ERV）/[例/(d·人·μg·m^3)]	3.2×10^{-7}	6.5×10^{-7}	9.7×10^{-7}
	哮喘（AA）/[例/(d·人·μg·m^3)]	0.9×10^{-4}	1.6×10^{-4}	5.4×10^{-4}
	限制活动日（RAD）（≥18 岁）/[例/(d·人·μg·m^3)]	0.8×10^{-4}	1.6×10^{-4}	2.5×10^{-4}
	急性呼吸系统症状 ARS/[例/(d·人·μg·m^3)]	2.2×10^{-4}	4.6×10^{-4}	7.0×10^{-4}
	儿童急性哮喘（≤18 岁）/[例/(d·人·μg·m^3)]	8.0×10^{-4}	1.6×10^{-3}	2.4×10^{-3}

计算SO_2造成的损失（采用 Ostra 模型），如表 5.2 所示。

表 5.2　SO_2造成的损失

污染物	健康影响	系数		
		低	中	高
SO_2	死亡率（死亡案例增加百分比）	0.0200%	0.0480%	0.0121%
	儿童呼吸系统症状（<15 岁）（咳嗽发生的概率）/[例/(a·人·μg·m^3)]	1.00×10^{-5}	1.81×10^{-5}	2.62×10^{-5}
	成人呼吸系统症状/胸部不适（>15 岁）（胸部不适的概率）/[例/(a·人·μg·m^3)]	5.00×10^{-3}	1.00×10^{-2}	1.50×10^{-2}

重庆煤改气工程于 1998 年开始启动，工程的煤改气对象包括：城区 1153 台 10t/h 及以下的锅炉、1.85 万台餐饮炉灶、1500 台茶水炉及 58 万居民用户。

煤改气后的环境效益如下。

面源对重庆市主城区近地面SO_2浓度的贡献率水平为 81.52%。鉴于工程将把所有的面源由燃煤改换成燃气，工程实施后SO_2浓度的削减率也为 81.52%。

颗粒物污染 43%来自燃煤烟尘，则该煤改气工程的实施对颗粒物污染的削减率为 35.1%。

SO_2和总悬浮颗粒物（total suspended particulates，TSP）的浓度削减量分别为 0.149mg/m^3 和 0.082mg/m^3；削减后的浓度分别为 0.034mg/m^3 和 0.152mg/m^3。将计算的 TSP 浓度削减量换算成PM_{10}浓度削减量（采用的转换系数为 0.6）。

重庆煤改气工程减少环境健康损害的总效益如表 5.3 所示。

表 5.3　重庆煤改气工程减少环境健康损害的总效益（单位：元）

方案	低值	中值	高值
SO_2浓度降低产生的健康效益	6.18×10^8	2.87×10^9	1.31×10^{10}
PM_{10}浓度降低产生的健康效益	6.00×10^8	2.06×10^9	5.92×10^9
总效益	1.22×10^9	4.93×10^9	1.90×10^{10}

天然气管网系统建设成本如表 5.4 所示。

表 5.4　天然气管网系统建设成本（单位：元）

时间/年	固定资产投资	流动资金	经营成本	现金流出
1	5 896.66			5 896.66
2	23 991.04	461.27	15 282.03	39 734.34
3	32 770.31	602.55	35 015.49	68 388.35
4	4 245.51	593.95	54 592.63	59 432.09
5	3 363.89	600.31	72 454.54	76 418.74
6		600.31	72 454.54	73.054 85
7		600.31	72 454.54	73 054.85
8～20			72 454.54	72 454.54

燃烧设备改造成本如表 5.5 所示。

表 5.5　燃烧设备改造成本

项目			民用灶	餐饮炉灶	茶水炉	工业生产锅炉	总计
增加支出	设备费	设备数量/台	580 000	18 500	1 500	1 153	
		设备费/万元	8 700	14 245	1 747.5	17 299.81	41 992.31
	燃料费	煤炭费/元	17 400	2 685	2 955	13 005	36 045.00
		天然气费/元	33 660.3	9 674	10 837.5	31 691.51	85 863.31
		天然气和煤炭的差价/元	16 260.3	6 989	7 882.5	18 686.51	49 818.31
节约其他设备费/元							
节约占地费/元						1 800	1 800
节约用电费/元							
节约水费/元							
节约人工费/元						120	120
节约炭渣运输费/元			725	4.475	123.125	541.875	1 394.475
合计							3 314.475

NPV = 222 554.16 万元，折现率 $r = 12\%$，内部收益率 IRR = 26.38%。

煤改气工程的成本效益分析如表 5.6 所示。

表 5.6　煤改气工程的成本效益分析

项目	低值	中值	高值
净现值/万元	222 554.16	1 864 952.33	8 100 908.98
内部收益率	26.38%	74.68%	143.03%

计算期 = 20 年。

因此，在人口和经济活动高度集中的大城市内，用天然气替代燃煤，尤其替代面源燃煤，具有较好的成本效益合理性。

参 考 文 献

Bockstael N E，McConnell K E. 2007. Environmental and Resource Valuation with Revealed Preferences：A Theoretical Guide to Empirical Models. Dordrecht：Springer.

Pearce D. 1998. Cost-benefit analysis and environmental policy. Oxford Review of Economic Policy，14（4）：84-100.

Varis O，Kuikka S. 1999. Learning Bayesian decision analysis by doing：lessons from environmental and natural resources management. Ecological Modelling，119（2/3）：177-195.

第6章　环境损害修复效率分析

6.1　环境损害修复成本

联合国国际会计和报告准则政府间专家工作组（Intergovernmental Working Group of Experts on International Standards of Accounting and Reporting，ISAR）于1998年2月召开的第15次会议通过了环境会计和报告的立场公告，将环境成本定义为：本着对环境负责的原则，为管理企业活动对环境造成的影响采取或被要求采取措施的成本，以及因企业执行环境目标和要求所付出的其他成本。例如，避免和处置废物、保持和提高空气质量、清除泄漏油料、开发更有利于环境的产品、开展环境审计和检查等方面的成本。环境成本具体可分为环境污染补偿成本、环境损失成本、环境保护维护成本、环境保护发展成本等。环境污染补偿成本指企业由于污染和破坏生态环境应给予补偿的费用；环境损失成本指企业对生态环境的污染和破坏而造成的损失，以及由于环境保护需要勒令某些企业停产或减产而造成的损失；环境保护维护成本指为预防生态环境污染和破坏而支出的日常维护费用；环境保护发展成本指为进一步发展环境保护产业而投入的各项支出。

环境成本可分为外部环境成本和内部环境成本。外部环境成本（具有“负外部性”）是指由导致该成本并获得相应利益的人以外的人承担的成本。内部环境成本已被定义为公司环境保护的成本。

环境损害修复成本是指企业治理由生产经营活动造成的环境污染而发生的成本。

以矿山为例，农村矿山企业造成的环境损害修复成本大致可以由直接成本、间接成本和环境损失成本构成。由于损害类型具有多样性，直接成本也应体现与多种损害相对应的修复成本，包括降低矿山污染物排放成本、矿山废弃物处置管理与回收利用成本，如减少和消除废气、废水和固体废弃物的排放而产生的成本，为减少生产噪声、辐射而发生的成本，为消除生产场地土壤、地下水污染而发生的成本，矿山废弃物的回收、分拣、处理及再利用成本等。间接成本则应体现生态损害范围的广泛性与潜伏性，包括矿山生态环境管理成本和矿山生态环境保护的社会成本，如矿区污染治理设施设备的折旧费，其他环境资产的摊销费等，以及与污染治理有关的管理费用支出，与矿山废弃物回收利用有关的管理费用支出。

环境损失成本则体现损害兼具公害性和私害性，指企业承受的各类与环境保护有关的损失，如企业因污染环境而向消费者、矿区所在地居民或社会其他方面支付的损害赔偿费，向政府有关机构缴纳的环境罚款和环境缴费，与环境污染有关的诉讼费等。

在修复过程中，要考虑经济-生态效益，成本的分配尤为关键。根据现有的理论研究，步骤可分为：成本库的扩展；成本的综合分配；时间范围的扩展；长期财务指标的使用（净现值和期权价值）。

在扩展的成本库中，关于环境修复成本如下：直接成本（资本支出、经营、维修、费用、收益、废弃物处理和能源）、间接成本（管理成本、遵循监管的成本、培训、监督、保险、损坏和折旧）、潜在负债（或有负债、潜在费用、罚金和税金）、次有形成本（由于污染和更好的产品形象及更好的员工关系而节约的成本）。

修复成本综合分配的步骤可以确定为：将联合环境成本中心的成本分配给生产成本中心；将生产成本中心的成本分配给成本对象；将使用过量材料导致的环境间接成本分配给生产成本中心成本对象。

作业成本法（activity based costing，ABC）代表成本分配的一种方法，即首先将成本追溯到组织内部的成本中心所执行的作业，其次将这些成本追溯或分配到产出单位或其他成本对象。在提高公司生态效益的需求上，成本的计算依据与作业相关的材料流。分配程序按以下两个步骤进行：首先，从联合环境成本中心（如提供公共环境服务的焚化器）分配到责任成本中心；其次，从责任成本中心到最终成本对象。经过跟踪和追溯后，联合环境成本中心的成本（如焚化器和污水处理厂）就必须分配给责任成本中心和成本对象。

实际应用时，我们先要了解矿区开发的哪些活动与环境污染有关，如采样、剥离、穿孔、爆破、铲装、破碎、运输、堆场、排岩、喷淋、烘干等。将扩展归集后的修复成本（包括间接成本）根据每个活动产生污染程度的高低进行有效分配，之后将其分配到每个活动产生的产品对象中。但是这些活动投入的不创造任何价值的材料（废弃物）可以减少产出，这属于额外的环境导致的修复成本（如增加的折旧和更高的人工成本），无法直接追溯，不是随着生产活动总量而变化的成本，所以我们还要进行第三步的分配，分配到上述相关活动及活动所产生的产品中。

对预先考虑未来的环境财务影响有帮助的两个指标，一是净现值，二是期权价值。期权代表的是一项权利而不是义务，它通过支付投资支出而获得预期的未来现金流量。期权价值的确定因素包括某个方案的净现值、任何后续投资的执行价格、到期时间（决策的确定时间）、方案的风险和无风险利率等。计算真实期权的一个主要困难是，当真实期权标的资产通常不存在可观测到的市场价格，真实期权经常需要与竞争者共同分享，且同一个标的资产往往具有多个真实期权时，管理当局需要首先决定后续投资的执行价格。在期权能够计量和纳入分析的情况下，对期权的考虑还会影响投资决策的结果。

在环境和经济上负有责任和报告义务的管理当局需要把环境修复成本分配给责任成本中心和成本对象。实际上，寻求可持续产出的公司能对内部环境成本分配系统的引入做出法人承诺。这一分配系统的设计目的是通过对差的环境业绩进行处罚并由责任成本中心承担风险的办法来减少环境影响。作业成本法有助于界定与生产管理活动相关的责任成本中心和成本对象。依据所定义的环境成本和使用的分配规则，与环境相关的成本会对投资决策产生巨大的影响，也能决定具有经济利益的补偿方案。

以矿产资源生态修复为例，矿产资源生态补偿机制构建的目的不是对受损害的资源拥有者支付经济补偿，最终的目的是要保护和治理生态资源与环境。矿产资源生态补偿的目的也不是向一个群体征收费用来支付另外一个群体，而是要使人们有意识地合理开发利用矿产资源，有意识地修复治理矿产资源开采造成的主观和客观上的生态损害和环境污染。

理论上讲，矿产资源生态补偿的主要依据应为矿区生态环境资源破坏损失价值，

$$F=\sum_{i=1}^{n}k\cdot V_i+\mathrm{Ce}$$

式中，F 是矿产资源开发生态补偿费；n 是生态环境损害因子的总数，如土地、水、大气、景观功能等直接或间接受损害的各种生态环境因子；V_i 是第 i 个生态环境因子的损害价值，包括直接损害价值和间接损害价值；k 是依据不同地理位置、不同矿种、不同开发方式的修正系数；Ce 是发展机会损失成本补偿。

依据这一公式，需要确定各种生态环境损害的损失价值，但是由于生态环境的公共物品特性，它的保护和改善对社会提供的服务及它的破坏对社会造成的影响在人的感官上比较容易感受到，但是很难用货币价值评价到底得到多少利益或受到多少损失。

根据生态补偿以修复和保护矿山生态环境为目的的原则，生态补偿标准以生态环境的修复治理成本为依据，则

$$F=\sum_{i=1}^{n}k\cdot F_i+\mathrm{Ce}$$

式中，F 是矿产资源开发生态补偿费；n 是生态环境损害因子的总数；F_i 是第 i 个生态环境因子的修复治理的费用；k 是修正系数；Ce 是发展机会损失成本补偿。

在目前的条件下，生态补偿依据矿产资源开发对生态环境损害的修复治理成本为标准是合理的，它不仅可以达到保护和恢复环境的目的，也可以保护受损者

的基本利益，符合补偿者的承受能力，具有可操作性。矿山资源开发生态补偿机制的建立，关键是如何筹集补偿资金、如何补偿的问题。

6.2 环境损害修复效率

效率（efficiency）一词最早出现在物理学中，其含义是有用功率对驱动功率的比值。之后在其他领域引申出多方面的含义，并成为经济学的中心概念。效率同时是生产经济学、厂商理论中最重要和最基本的概念。效率评价的涵盖范围十分广泛，可对包括宏观主体和微观主体的各种生产单元进行评价，只要他们通过生产，将生产要素转换为经济产出或者服务，则都可以通过效率形式进行衡量。

在经济学中，效率和资源配置的帕累托优化息息相关。在投入角度，当生产单元不以增加其他投入或降低产出量为代价时，无法进一步减少现行某一投入，则该经济主体有效。在产出角度，当生产单元不以减少其他产出或增加投入量为代价时，无法进一步减少现行某一产出的产量，则该经济主体是有效率的。总而言之，效率是用来描述各种生产资源使用情况的指标，也就是资源合理配置的问题。从这个角度讲，效率应被理解为，在既定的产出水平之下，追求成本投入的最小化；或者在既定的成本约束下，追求产出水平的最大化。

在环境损害修复方案的效率评价中，效率是在相同成本单位下能够得到的单位产出。在多个修复方案的评比筛选中，应选择在能够达到修复水平的前提下成本最少的方案，才能够获得相对来讲最大的成本效率。

关于效率的评价，当前主要有三种方法。第一种是利用线性回归方法计算的生产函数法，以此来确定各项因素对结果的贡献率；第二种是数据包络分析（data envelopment analysis，DEA）方法，即对多投入和多产出进行效率评价；第三种是详细拆分生产过程，构建评判指标，针对各个指标进行对比分析。上述三种方法各有优缺点，第一种方法能有效地对评价对象进行描述，但是评价对象的条件假设太过严格，线性回归方法仅适合处理单产出条件下的效率问题，对处理研究对象多投入和多产出的效率问题则显得不太合适。第二种方法对决策单元的技术有效性和规模有效性情况能同时进行评价分析，但结果仅仅限于相对效率是否有效，却不能对各项因素的关联度即各项因素的重要性进行分析。而第三种方法相对简单，对数据的分析也较为详细，但是对大量数据的分析处理和评价不太合适，因此目前多采用第二种方法，即数据包络分析方法进行评价分析。科技投入产出效率的评价属于多投入、多产出的效率问题，数据包络分析方法特别适用于具有多个输入变量和输出变量的复杂系统，而灰色关联分析方法则可进行各项因素关联度的分析，即确定各项因素对效率值的贡献率和影响系数。

6.3　成本效益分析法

6.3.1　成本效益分析法简介

成本效益分析（cost benefit analysis）是通过比较项目的全部成本和项目产生的效益来评估项目价值的一种方法，是一种常用的经济决策方法，即将成本费用分析法运用于政府部门或者一些社会机构的计划决策之中，以寻求在投资决策上如何以最小的成本获得最大的收益的方法。

成本效益分析是为组织提供决策支持服务的一种平衡法。所有正向项目（如现金流及其他无形收益）放在资产平衡表的一边，而所有负向项目（如成本及其他开支）放在资产平衡表的另一边，最后的决策偏向于数量较大的那一方。

在该方法中，某一项目或决策的所有成本和收益都将被一一列出，并进行量化。成本效益分析的基本原理是：针对某项支出目标，提出若干实现该目标的方案，并运用一定的技术方法，计算出每种方案的成本和收益；通过比较方法，并依据一定的原则，选择出最优的决策方案。

成本效益分析法的概念最早出现在 19 世纪，法国经济学家朱乐斯·帕帕特在他的著作中，将成本效益分析法定义为“社会的改良”。其后，意大利的经济学家帕累托对这一概念进行了重新界定。1940 年，尼古拉斯·卡尔德和约翰·希克斯这两位美国的经济学家对前人提出的一些理论进行了提炼总结，形成了成本效益分析法的理论基础，即卡尔德-希克斯准则。同时在这一时期，成本效益分析开始逐渐被应用到政府活动中。这其中比较具有代表性的有 1936 年美国的《洪水控制法案》和 1939 年田纳西州泰里克大坝的预算。随后，经济在不断地发展，政府的投资项目也变得越来越多，人们日益重视投资，重视投资项目支出的经济和社会效益。因此，一种能够比较成本与效益关系的分析方法就显得很被需要。以此为契机，成本效益分析法在实践方面得到了迅速发展，被世界上的各个国家广泛采用。

6.3.2　环境修复成本效益分析

环境修复的效益包括对健康、房地产、饮用水供给、感知和生态系统等的影响，其中对健康、房地产和饮用水供给的影响是可以通过货币表征的，对于感知和生态系统的影响则难以通过货币来衡量。通常将环境修复的效益分为直接效益和间接效益。直接效益即市场效益，通常是指修复后资源环境价值或房地产价值的增加。间接效益即非市场效益，指改善周围环境的正外部效应，包括防止土壤和地下水污染、预防健康有害效应、增加周围房地产价值、增加税收等。在很多情况下，由当地政府资助的污染场地修复通常很快，因为修复后物业价格增加引起税收收入增加，效益明显。

1. 环境政策的效益分析

1）环境政策影响识别

政策影响识别是政策成本效益分析的重要环节，通过政策影响识别这个环节，以图、表等形式，建立环境政策要素与生态环境和资源之间的动态响应关系，筛选出受环境政策影响大、范围广的环境、资源要素。

具体步骤如下。第一，初步识别环境政策的影响，重点从环境政策的目标、政策具体措施等方面，全面识别环境政策要素对生态环境和资源造成影响的途径和方式，以及影响的性质、范围和程度。第二，建立环境政策的影响清单，采用核查表法将环境政策可能产生的环境影响列成清单，确定环境政策的哪些方面对哪些环境因子可能产生影响，包括直接影响、间接影响，以及短期影响、长期影响。环境政策的重大影响一般包括生态环境、环境质量、人体健康、资源能源及农业生产力、物质材料损失、美学价值等。第三，筛选环境政策的重大影响，在当前开展的政策成本效益实践中，对政策重大影响的筛选和识别主要依据个人主观判断或者专家咨询等方式，缺乏相对客观的判断方法。针对这种情况，环境影响的程度大小可以通过政策的环境效应强度及环境因子的敏感性进行判定。首先判断影响是正效应还是负效应，采用“+/–”表示，然后判断政策的环境效应强度及环境因子的敏感性，分为忽略不计、小、中和大四个等级，分别用数字 0、1、2、3 对应表示（表 6.1）。

表 6.1　环境政策的影响清单表

影响因素	影响因子	环境政策因素与主要行动			识别结果
		行动 A	行动 B	行动 C	
环境质量	大气环境				
	水环境				
	土壤环境				
生态环境	生态系统服务功能				
	娱乐活动和美学价值				
	非娱乐价值				
资源能源	水资源				
	土地资源				
	能源				

续表

影响因素	影响因子	环境政策因素与主要行动			识别结果
		行动 A	行动 B	行动 C	
人体健康	死亡				
	患病				
社会经济	GDP				
	产业结构				
	就业				

2）环境政策效益的价值测量方法

环境经济评价的基础是人们对于环境改善的支付意愿，或者忍受环境损失的接受赔偿意愿。因此，环境经济评价方法多从估计人们的支付意愿或接受赔偿意愿入手。获得人们的偏好和支付意愿或接受赔偿意愿的途径主要有三个：一是从直接受到影响的物品的相关市场信息中获得；二是从其他事物中所蕴含的有关信息中获得；三是通过直接调查个人的支付意愿或接受赔偿意愿获得。

由此基本的价值评估方法一般划分为以下三种类型。一是直接市场价值法，包括剂量-反应法、损害函数法、生产函数法、人力资本法、机会成本法、重置资本法等；二是揭示偏好法，包括内涵资产定价法、旅行成本法、防护支出法等；三是陈述偏好法，包括意愿调查法等。另外，由于价值评估的复杂性，我们往往会采用一种辅助性的价值评估方法，即成果参照法。成果参照法是以直接市场价值法、揭示偏好法和陈述偏好法等对所报道的价值进行估算的方法（表 6.2）。

表 6.2　与政策有关的效益类型和常用评价方法

效益类型	举例	常用评价方法
人体健康效益		
降低死亡率	癌症致死风险；急性病致死风险	人力资本法；防护支出法；内涵资产定价法；陈述偏好法
降低患病率	哮喘	疾病成本法；防护支出法；内涵资产定价法；陈述偏好法
生态环境质量改善效益		
生态系统服务价值	调节气候；减少洪灾；补给地下水；土壤修复；营养物质循环；野生物种授粉；生物多样性；基因库；水质改善；土壤肥力	生产函数法；防护支出法；陈述偏好法；成果参照法
娱乐活动和美学价值	参观野生动物；钓鱼；划船；步行；游泳	生产函数法；防护支出法；内涵资产定价法；陈述偏好法；成果参照法
非娱乐价值	相关物种种群，群体或者生态系统	陈述偏好法；成果参照法

续表

效益类型	举例	常用评价方法
农业生产力提升		
农产品丰收	食品；燃料；布料；木材	生产函数法
物质材料损失减少		
减少损害	减少土壤流失	生产函数法；防护支出法；成果参照法
景观美学价值		
美观价值改善	减少海岸侵蚀	防护支出法； 内涵资产定价法；陈述偏好法

2. 环境政策的社会经济影响分析

成本效益分析主要关注环境政策的效率。要对一项环境政策进行完整的分析，除了关注政策的效率以外，还需要关注政策的分配效应。

环境政策的社会经济影响分析可以确定在一项环境政策中受益或者受损的群体，进而估算这些群体在这项环境政策中的受益程度或者受损程度。环境政策的社会经济影响分析一般是采用投入产出模型、可计算一般均衡（Computable General Equilibrium，CGE）模型等，对不同情景下的宏观经济效益（如 GDP、行业增加值、产业结构调整、税收、进出口、劳动力就业数量等指标）进行模拟分析，对环境政策实施的宏观经济影响进行计算。

3. 效益和成本的贴现

环境政策的成本效益分析中所研究的问题，往往需要跨越较长的时间段，任何环境政策的费用、效益都与政策执行时间的长短有关，同时费用与效益的发生时间也不尽相同。因此，在成本效益分析中，必须考虑时间因素进行贴现。

环境影响评价（environmental impact assessment，EIA）的作用是预计大型基建计划对自然环境及被制造环境的影响。在 EIA 过程中，要考虑各方面的意见，如顾问工程公司、环境保护组织及普通市民的意见，也应包括在评价内容中。为避免负面环境影响的产生，许多国家已实施在批准工程设计及施工前，必须通过 EIA 的规定。

成本效益分析对 EIA 十分重要，因为它能够帮助决策者作出取舍，也可帮助公众了解接受 EIA 所作出的结论。近年来 EIA 引入成本效益分析法，结论便清晰得多。

引入的成本效益分析法包括以下两种：采用普通计算方法，直接计算或用表格列出工程价格和可导致的损失；假设和估算重建环境系统的成本，从而推断发展方案的效益。生态影响和社会影响最难评估，因为生态影响包括物种消失、生态重建和生态补偿，而社会影响则包括健康、康乐活动、美感、个人兴趣、土地和楼房价值、就业机会，以及个人、组别和团体的行为反应等，很难准确估算价格。因此，现今多数的成本效益分析均集中于一些如人口、职业及收入分布等指标，通过预测它们的未来趋势和实行后成本增加计算出成本和效益数值。有些成本效益分析会以增加或减少使用社会和环境设施做评估。但这方面的研究和应用进度十分缓慢。

4. 成本效益分析应关注的问题

1）工程目标多样化的问题

区域性发展计划通常有多个目标，弹性和取代方案也多。相对而言，项目EIA的目标和范围少，可供选择的替代方案也少。EIA的特色是要考虑不同的环境影响。从成本效益分析的概念来看，若只有一笔预算金，则要选择多个计划中有最大正面利益的计划先做。在进行区域性环境影响评价（regional environmental impact assessment，REIA）时，更要遵从这一规则，先做最重要的计划，所以应尽早为有正面利益的计划制订优先次序。

2）隐藏成本问题

REIA比项目EIA更具宽度，所以在进行成本效益分析时更要审慎。进行REIA分析时，首先要有长远和立体化的眼光。例如，20世纪80年代香港中环道路长期塞车，政府聘请顾问公司去设计解决车辆严重堵塞的方案。顾问公司提议在若干道中多建一层地面来缓解车流量。但这一提议只从工程的角度去考虑，没有顾及沿线景观，所以受到沿线房地产集团的反对。房地产集团聘请的顾问经研究，提议建造海底隧道，避免影响景观问题。由于在计算成本效益时考虑不周，各方案终因经济风潮而搁置。直到最近有关部门才决定填海扩宽路面及增建隧道，但又因工程涉及填海，又要再进行深入的EIA才可实施。由此可见，规划既要综合考虑社会、经济、文化和环境等因素，也要进行成本效益分析去考虑隐藏社会代价和外在成本。

3）累积影响问题

项目EIA只是对个别计划作出评估，不能直接处理累积影响的问题。虽然一个计划的正面或负面影响很难预见，但若另一计划发展在相似地点或同一生态系统，则此计划的累积影响便可供借鉴。要综合评价的环境效应包括：混合效应、相互关系及回馈、时差（经过一段时间后的效应）作用、指数增长效应、还原需要的时间和资金。

累积的经济因素包括货品价格、货品数量、服务费用。传统成本效益分析通常有两种基本假设：除了货物费用及服务费用外，其他费用都不会改变；接受者（市民）的真正收益不会受计划的利润或亏损而影响。但一个良好的累积经济分析应考虑到价格变动会影响收益改变，因为在 EIA 中所有事物都是相互影响的。

累积的社会因素与累积的社会影响也是互动的。例如，把一个旅游度假中心设在一个乡村，由于这个乡村原先没有相似的公共设施需求，旅游度假中心的设立，肯定影响当地居民的原有生活方式。但若把两个或两个以上的旅游度假中心设在同一个乡村内，由于旅游设施将占用乡村内大部分的资源，它们很快便会反馈改变村民的生活方式。所有累积影响，不论以何种形式存在，都需要通过时间才能探索出其最终影响。虽然评估累积影响在实践中有很多限制（如不能全面了解生态环境、社会及经济运作和缺乏客观分析等），但以科学的成本效益分析去评估累积影响是必要的。

4）次级影响问题

EIA 必须考虑所有被引发的间接或次级影响。在不同类型计划中，如高速公路、快速公路、机场或水库等工程，均会引发次级的影响，如影响投资，改变人口分布，改变社会结构及经济活动等。在实践中，要考虑评估的空间范围及时间期限，还要考虑间接及次级影响，因为它们都是重要的最终影响。

成本效益分析在 REIA 中十分重要。因为一个计划会引发大区域内一连串的问题，详尽而多元化的成本效益分析才可增加规划上的效益。

后遗影响指在整个建筑项目完成后所引发的影响。例如，建筑物在拆卸后出现的长远生态影响，在成本效益分析评估时，便要考虑它的“折扣率”。正面的折扣率是指降低未来的利润或价值，但是否接受未来利润或价值折扣这一观念仍是 EIA 中一个有争议的问题。

风险预估也很重要。REIA 变量值太高时，必须及早预测发生危机的风险，然后理智地分析其环境效应。

6.3.3 成本效益分析的基本步骤

成本效益分析与 EIA 一样，有三个基本步骤：甄别程序；预测和估算（包括分辨各种影响、预测其影响后果、计算其影响后果）；后遗鉴察。

成本效益分析不仅可以应用于计算和预估，还可以应用于甄别程序和后遗鉴察系统。在甄别程序，项目倡议人多要求预先估价，准确的成本效益计算最为重要。成本效益分析也直接描述后遗的各种可能，是日后监测的依据。把成本效益分析应用于 EIA 和 REIA，可预估和量化项目的影响，从而可采用利益最大化的方案使用资源。除非有一连串的环境改变，一个好的环境通常不会突然有正面或负面的影响。例如，增加不渗水的地面会导致水流量的增加，道路侵蚀随之增加。

这些侵蚀会引起沉淀物的增加，使低等生物失去居所，因而鱼类的食物循环系统也受到牵连。在 EIA 中采用成本效益分析，其中一个优点就是它能提供可计算的数据，帮助决策者发现一连串的成本变化，及早运用最有效的途径去评估微小环境变化带来的累积影响。

6.3.4 成本效益分析法基本模型

成本效益分析中的主要分析方法有三种：净现值法、现值指数法和内部收益率法。

1. 净现值法

净现值是一项投资所产生的未来现金流的折现值与项目投资成本之间的差值。净现值法是一种比较科学也比较简便的投资方案评价方法。净现值法具有广泛的适用性，其应用的主要问题是如何确定净现值法是评价投资方案的一种方法。该方法是利用净现金效益量的总现值与净现金投资量计算出净现值，然后根据净现值的大小来评价投资方案。净现值为正值，投资方案是可以接受的；净现值为负值，投资方案就是不可接受的。净现值越大，投资方案越好。

净现值计算公式为

$$净现值 = 未来报酬总现值 - 建设投资总额$$

$$\text{NPV} = \sum_{t=1}^{n} I_t/(1+R) - \sum_{t=1}^{n} O_t/(1+R)$$

式中，NPV 是净现值；I_t是第 t 年的现金流入量；O_t是第 t 年的现金流出量；R 是折现率。

资本的时间价值：今天的一元钱＞明天的一元钱。

复利计算：把现在的价值推算为未来的价值，公式如下：

$$\text{FV}_n = \text{PV} \times (1+i)^n$$

式中，FV 是终值（future value）；PV 是现值（present value）；n 是投资项目的寿命周期。

假设利率为 10%，今天的 100 美元在未来的价值为$\text{FV} = 100 \times (1+0.1)^n$。即在 5 年后，$\text{FV} = 100 \times (1+0.1)^5$，也就是 161 美元。

折现计算：刚好与复利计算相反，把未来价值折合成今天的价值。5 年后的 161 美元相当于今天的 100 美元，计算公式如下：

$$\text{PV} = \text{FV}_n/(1+i)^n$$

$$净现值 = 所有项目收入的现值 - 所有项目支出的现值$$

净现值取决于未来现金流（方向/数量）和资金的机会成本。

净现值指标是反映项目投资获利能力的指标。净现值法所依据的原理是：假设预计的现金流入在年末肯定可以实现，并把原始投资看成是按预定折现率借入的，当净现值为正数时，偿还本息后该项目仍有剩余的收益；当净现值为 0 时，偿还本息后一无所获；当净现值为负数时，该项目收益不足以偿还本息。决策标准：净现值≥0 的方案可行；净现值＜0 的方案不可行；净现值均大于 0 且净现值最大的方案为最优方案。

净现值法具有广泛的适用性，净现值法应用的主要问题是如何确定折现率，一种方法是根据资金成本来确定，另一种方法是根据企业要求的最低资金利润来确定。净现值法虽考虑了资金的时间价值，可以说明投资方案高于或低于某一特定的投资的报酬率，但没有揭示方案本身可以达到的具体报酬率是多少。折现率的确定直接影响项目的选择。用净现值法评价一个项目多个投资机会，虽反映了投资效果，但只适用于年限相等的互斥方案的评价。净现值法是假定前后各期净现金流量均按最低报酬率（基准报酬率）取得。若投资项目不同阶段存在不同风险，那么最好分阶段采用不同折现率进行折现。

净现值法资金成本率的确定较为困难，特别是在经济不稳定情况下，资本市场的利率经常变化，更加大了确定的难度。此外，净现值法说明投资项目的盈亏总额，但没能说明单位投资的效益情况，即投资项目本身的实际投资报酬率。这样会造成在投资规划中着重选择投资大和收益大的项目却忽视投资小、收益小而投资报酬率高的更佳投资方案。在净现值法的基础上考虑风险，得到两种不确定性决策方法，即肯定当量法和风险调整折现率法。但肯定当量法的缺陷是肯定当量系数很难确定，可操作性比较差。而风险调整折现率法则把时间价值和风险价值混在一起，并据此对现金流量进行贴现，不尽合理。另外，运用资本资产定价模型（capital asset pricing model），折现率也是不合乎实际情况的，如果管理决策过程中存在过大的灵活性，用固定的折现率计算净现值就更不准确了。

2. 现值指数法

现值指数（present value index，PVI）是指某一投资方案未来现金流入的现值同其现金流出的现值之比。具体来说，就是把某投资项目投产后的现金流量，按照预定的投资报酬率折算到该项目开始建设的当年，以确定折现后的现金流入和现金流出的数值，然后相除得到的。

现值指数是一个相对指标，反映投资效率，而净现值指标是绝对指标，反映投资效益。净现值法和现值指数法虽然考虑了货币的时间价值，但没有揭示方案自身可以达到的具体的报酬率是多少。内部收益率是根据方案的现金流量计算的，是方案本身的投资报酬率。如果两个方案是相互排斥的，那么应根据净现值法来决定取舍；如果两个方案是相互独立的，则应采用现值指数或内部收益率作为决策指标。

现值指数的计算公式为

$$现值指数=未来现金流入量的总现值÷原始投资额$$

$$PVI=\frac{\left[A_1(1+i)^{-1}+A_2(1+i)^{-2}+\cdots+A_n(1+i)^{-n}\right]}{PV}=\frac{\sum_{t=1}^{n}A_t(1+i)^{-t}}{PV}$$

若现金流入的现值与现金流出的现值的比值大于 1，表明投资在取得预定报酬率所要求的期望利益之外，还能获得超额的现值利益，这在经济上是有利的。与此相反，若二者之间的比值小于 1，则意味着投资回收水平低于预定报酬率，投资者将无利可图。

通过现值指数指标的计算，能够知道投资方案的报酬率是高于还是低于所用的折现率，但无法确定各方案本身能达到多大的报酬率。因而，管理人员不能明确肯定地指出各个方案的投资利润率可达到多少，以便选取以最小的投资能获得最大的投资报酬的方案。

3. 内部收益率法

内部收益率（internal rate of return，IRR）法又称财务内部收益率法（financial internal return rate，FIRR）、内部报酬率法、内含报酬率法。内部收益率法是用内部收益率来评价项目投资财务效益的方法。所谓内部收益率，就是使得项目流入资金的现值总额与流出资金的现值总额相等的利率，换言之就是使得净现值等于零时的折现率。如果不使用电子计算机，内部收益率要用若干个折现率进行试算，直至找到净现值等于零或接近于零的那个折现率。

内部收益率具有现金流量（discounted cash flow，DCF）法的一部分特征，实务中经常被用来代替现金流量法。它的基本原理是试图找出一个数值概括出企业投资的特性。内部收益率本身不受资本市场利息率的影响，完全取决于企业的现金流量，反映了企业内部所固有的特性。

但是内部收益率法只能告诉投资者被评估企业值不值得投资，却并不知道值得投资多少钱。而且内部收益率法在面对投资型企业和融资型企业时，其判定法则正好相反。对于投资型企业，当内部收益率大于折现率时，企业适合投资；当内部收益率小于折现率时，企业不值得投资。融资型企业则不然。

一般而言，对于企业的投资或者并购，投资者不仅想知道目标企业值不值得投资，更希望了解目标企业的整体价值。而内部收益率法对于后者却无法满足，因此该方法更多地应用于单个项目投资。

内部收益率法的计算公式为

$$(IRR-1)/(i_1-i_2)=[K/R-(p/A,i_1,n)]/[(p/A,i_2,n)-(p/A,i_1,n)]$$

$(p/A, IRR, n)=K/R$ 是年金现值系数。查年金现值系数表，找到与上述年金现值系数相邻的两个系数$(p/A, i_1, n)$和$(p/A, i_2, n)$及对应的 i_1、i_2，满足$(p/A, i_1, n) > K/R > (p/A, i_2, n)$，用插值法计算 IRR。

若建设项目现金流量为一般常规现金流量，则内部收益率的计算过程如下：首先根据经验确定一个初始折现率i_0；然后根据投资方案的现金流量计算财务净现值 FNPV(i_0)，若 FNPV(i_0) = 0，则 IRR = i_0；若 FNPV(i_0) ＞0，则继续增大i_0；若 FNPV(i_0) ＜0，则继续减小i_0。重复计算财务净现值，直到找到这样两个折现率i_1和i_2，满足 FNPV(i_1) ＞0，FNPV(i_2) ＜0，其中$i_2 - i_1$一般不超过 2%～5%。利用线性插值公式近似计算内部收益率 IRR，其计算公式为

$$(\mathrm{IRR} - i_1)/(i_2 - i_1) = \mathrm{NPV}_1/(\mathrm{NPV}_1 - \mathrm{NPV}_2)$$

内部收益率法的优点是能够把项目寿命期内的收益与其投资总额联系起来，指出这个项目的收益率，便于将它同行业基准投资收益率对比，确定这个项目是否值得建设。使用借款进行建设，在借款条件（主要是利率）还不很明确时，内部收益率法可以避开借款条件，先求得内部收益率，作为可以接受借款利率的高限。但内部收益率表现的是比率，不是绝对值，一个内部收益率较低的方案，可能由于其规模较大而有较大的净现值，因而更值得考虑。所以在各个方案选比时，必须将内部收益率与净现值结合起来考虑。内部收益率，是一项投资可望达到的报酬率，是能使投资项目净现值等于零时的折现率。就是在考虑了时间价值的情况下，使一项投资在未来产生的现金流量现值刚好等于投资成本时的收益率，而不是所想的“不论高低净现值都是零，所以高低都无所谓”，这是一个本末倒置的想法。因为计算内部收益率的前提本来就是使净现值等于零。

说得通俗点，内部收益率较高，说明投入的成本相对较少，但获得的收益相对较多。例如 A、B 两项投资，成本都是 10 万元，经营期都是 5 年，A 每年可获净现金流量 3 万元，B 可获 4 万元，通过计算，可以得出 A 的内部收益率约等于 15%，B 的内部收益率约等于 28%，这些其实通过年金现值系数表就可以看得出来。

净现值法和内部收益率法都是对投资方案未来现金流量计算现值的方法。

运用净现值法进行投资决策时，其决策准则是：净现值为正数，投资的实际报酬率高于资本成本或最低投资报酬率，方案可行；净现值为负数，投资的实际报酬率低于资本成本或最低投资报酬率，方案不可行；如果是相同投资的多方案比较，则净现值越大，投资效益越好。净现值法的优点是考虑了投资方案的最低报酬水平和资金时间价值的分析；缺点是净现值为绝对数，不能考虑投资获利的能力。因此，净现值法不能用于投资总额不同的方案的比较。

运用内部收益率法进行投资决策时，其决策准则是：内部收益率大于公司所要求的最低投资报酬率或资本成本，方案可行；内部收益率小于公司所要求的最低投资报酬率，方案不可行；如果是多个互斥方案的比较选择，内部收益率越高，

投资效益越好。内部收益率法的优点是考虑了投资方案的真实报酬率水平和资金时间价值；缺点是计算过程比较复杂、烦琐。

在一般情况下，对同一个投资方案或彼此独立的投资方案而言，使用两种方法得出的结论是相同的。但对不同而且互斥的投资方案而言，使用这两种方法可能得出相互矛盾的结论。结论不一致的最基本的原因是对投资方案每年的现金流入量再投资的报酬率的假设不同。净现值法是假设每年的现金流入以资本成本为标准再投资；内部收益率法是假设现金流入以其计算所得的内部收益率为标准再投资。

资本成本是更现实的再投资率，因此在无资本限量的情况下，净现值法优于内部收益率法。

6.4　数据包络分析方法

6.4.1　数据包络分析方法的产生和发展

DEA 方法是 Charnes 等于 1978 年首先提出的，是评价生产效率的重要的非参数方法。该方法的原理主要是通过保持决策单元（decision making unit，DMU）的输入和输出不变，通过数学规划构建相对有效的生产前沿面（或者说有效前沿面），将各个决策单元投影到生产前沿面上，并通过决策单元偏离前沿面的程度来评价它们的相对有效性。

DEA 是运筹学、管理科学与数理经济学交叉研究的一个新领域。它是根据多项投入指标和多项产出指标，利用线性规划的方法，对具有可比性的同类型单位进行相对有效性评价的一种数量分析方法。经济学家 Farrel（1957）曾提出单输入-单输出的 DMU 有效性度量模型，但实际生产中多为多输入-多输出的情况，因而未得到有效利用。

美国运筹学家 Charnes 等（1978）在相对效率的基础上引入 CCR 模型，允许对决策单元规模有效性、技术有效性同时评价。Banker 等（1984）从公理化模式出发提出了 BCC 模型，它同样可以对生产的规模和技术有效性作出评价。与 CCR 模型一样，这些模型都有分式规划和线性规划两种形式，基于计算上的考虑，多采用后者。

以上是最基础的两个模型。DEA 方法及其模型自 1978 年提出以来，已广泛应用于不同行业及部门，并且在处理多指标投入和多指标产出方面体现了其得天独厚的优势。它避开了计算每项服务的标准成本，因为它可以把多种投入和多种产出转化为效率比率的分子和分母，而不需要转换成相同的货币单位，用 DEA 衡量效率可以清晰地说明投入和产出的组合，因而它比一套经营比率或利润指标更具有综合性并且更值得信赖。

6.4.2 DEA 的原理

DEA 是多输入-多输出评价效率的主要方法。其中主要优点有：①DEA 是非参数方法，不需要知道明确的投入产出函数；②DEA 可以测度非线性关系；③DEA 构成的有效前沿面是帕累托有效；④DEA 能够测度每个决策单元的效率；⑤DEA 中对数据的要求比较简单。CCR 模型（Charnes et al.，1978）的有效前沿只要求满足平凡公理、凸性公理、锥性公理、无效性公理和最小性公理（魏权龄，2004），BCC 模型（Banker et al.，1984）的有效前沿只要求满足平凡公理、凸性公理、无效性公理和最小性公理。

在建模时，我们既可以从非常直观的效率定义出发，也可以从生产可能性集出发，这给建模带来非常大的方便。生产可能性集和有效前沿作为桥梁，能够很好地连接管理学和经济学之间的关系。我们既可以将生产过程当作一个“黑盒”，也可以利用网络 DEA 来考察“黑盒内部”构造。

DEA 方法主要是通过 DMU 的输入或输出不变，同时运用数学规划工具将 DMU 投影到 DEA 前沿面上，并通过比较 DMU 偏离 DEA 前沿面的程度来评价它们的相对有效性。该方法的一个显著特点是可直接使用不同计量单位的指标，不必事先预定多个指标间的函数关系，并能对多个决策单元排序和显示未达到 100%有效（即 DEA 无效）的各指标欠缺或多余量，即松弛变量，提供详细具体的改进和管理信息。DEA 方法适合于处理多个输入变量和输出变量的复杂系统，但只能得出各评价对象的效率是否有效，却不能得出各项投入因素的贡献率，而灰色关联分析方法则可以进行各因素贡献率的分析。

效率大致可以从两个方面进行度量：一是投影，包括径向投影和非径向投影，前者有 CCR 模型、BCC 模型、非递增规模报酬（non-increasing return to scale，NIRS）模型和非递减规模报酬（non-decreasing return to scale，NDRS）模型，后者有 Russell 测度模型；二是基于松弛变量的测度，如加性模型、基于松弛变量的测度（slack-based measure，SBM）模型和范围调整的测度（range adjusted measure，RAM）模型。但是，这两种度量效率的模型有一个共同点，即决策单元的参考点是投入减小的方向（投入导向性）。

因为投影方式存在投入或产出冗余，所以存在高估效率的情况。这种情况现有的文献已有说明。下面以基于松弛变量的测度中的 RAM 模型来说明这两种测度方式共同存在的弊端。

有效前沿面是 ABC，考察 K_1 和 K_2 这两个决策单元的效率。K_1 到 C 点的距离为 S_1，K_2 到 C 点的距离为 S_2。假设 $S_2 < S_1$，那么根据 RAM 模型，K_1 的效率低于

K_2 的效率。但是，从图 6.1 来看，K_1 更加靠近有效前沿，所以 K_1 的效率应该更高。测度结果和实际结果出现矛盾，所以这种测度方式存在一定的弊端。决策单元的比较点选择适当与否，对效率的准确与否存在决定性影响。如果从有效前沿角度来看效率，决策单元与有效前沿越近，那么效率就越高。如果有效前沿是一个光滑的曲线，那么现存的集中测度方式获得的效率虽然没有考虑投入增加的方向，但是其测度的效率还是比较准确的。在实际应用中，由于 DEA 有效点数量有限，有效前沿是由线段构成的，所以很容易出现图 6.1 中所示的情况。

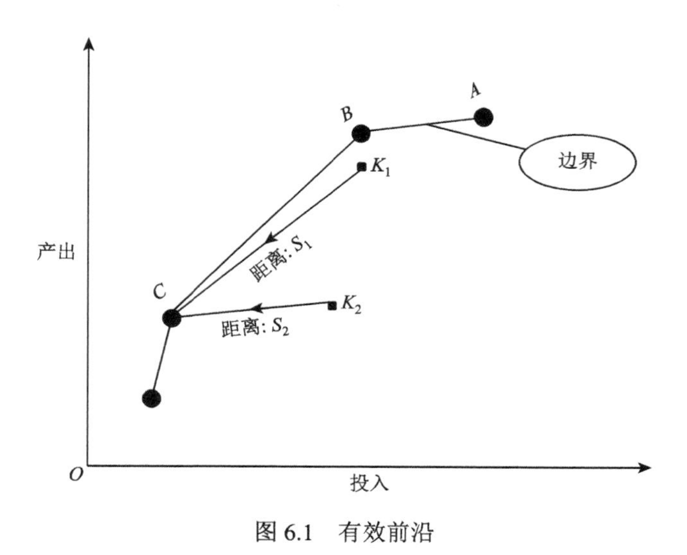

图 6.1　有效前沿

现实中度量效率分两种情况：①理论上，即便有效前沿面是光滑的，也需要考虑投入增加的参考点。因而，所度量的决策单元的参考点，可以在投入减少的方向，可以在投入增加的方向，也可以在投入有增有减的方向。在各种度量的效率中选择最大的效率作为决策单元的效率。②实践中，我们更应该考虑参考点选择的不同。参考点选择不同，会直接影响测度的效率是否能显示现实情况。所以，不论在理论上还是在实践中，我们都应该更全面地选择参考点。需要考虑投入减少方向的参考点，需要考虑投入增加方向的参考点，也需要考虑投入有增有减方向的参考点。

6.4.3　DEA 的思路和步骤

DEA 是一个线性规划模型，表示产出对投入的比率。通过对一个特定单位的效率和一组提供相同服务的类似单位的绩效的比较，它试图使服务单位的效率最大化。在这个过程中，获得 100%效率的一些单位被称为相对有效率单位，而另外的效率评分低于 100%的单位称为无效率单位。

在运用 DEA 模型对研究对象进行效率评价时，一般要求决策单元具有相同类型的投入、产出指标，即选取的指标应具有“同类型”特征，并且根据以往的经验，投入产出指标之和以至多不超过 15 个为宜。DEA 方法有以下突出特点：①在运用方法进行效率评价时，不需要像生产函数法那样事先确定各输入变量和输出变量之间的关系式，从而减少了运算过程中的烦琐步骤；②DEA 方法还避免了因人为确定各指标权重系数而引起的主观问题，一般从最有利于评价分析决策单元的角度着手，并且排除了很多主观因素的影响，因而具有很强的客观性。DEA 方法在处理多输入和多输出的问题方面具有较强的优势，它能根据决策单元的一组输入输出数据来估计有效生产前沿面，从而能使相关决策者清晰地看到实际投入产出情况与目标投入产出水平之间的差距。DEA 方法在对各决策单元进行相对效率评价的同时，还能够得到许多具有深刻经济含义和背景的管理信息，便于决策者进行修正和改进。DEA 方法的应用领域正在不断地扩大，特别是在国民经济生产部门的相对有效性评价，以及政府部门关于资源配置效率的评价问题上都有成功的应用。

在运用方法进行效率的评价时，一般应遵循以下基本步骤。

（1）设计出科学合理的投入产出效率评价体系。

（2）确定各决策单元的有效性。

（3）确定各决策单元在有效生产前沿面上的“投影”，为科技政策的制定提供决策依据，更好地提高科技管理水平和生产效率。

（4）分析各决策单元的有效性对各输入输出指标的依赖情况，确定其在输入输出指标上的重要性。

（5）对各决策单元进行“类序”分析，为宏观决策提出依据。

6.4.4 有效性的判断

魏权龄等对综合 DEA 模型给出了 DEA 有效决策单元集合的几个恒等式。朱乔和陈遥（1994）对总体有效进行了拆分——规模有效、饱和有效和技术有效。Charnes 等（1978）通过构造一个特殊逆矩阵来研究有效决策单元单个产出量变化时的灵敏度分析。朱乔和陈遥（1994）提出有效决策单元在输入输出变动时，保持有效性不变的充分条件。DEA 有效性评价通过两个指标进行[技术效率（technical efficiency，TE）和规模效率值（scale efficiency，SE）]，其结果的经济学含义如下。

（1）当 TE = 1 时，表示该单元达到技术有效，即产出相对于投入达到最大化；当 TE＜1 时，表示该单元未达到技术有效，称为非技术有效。

（2）当 SE = 1 时，表示该单元达到规模有效，即投入恰到好处，既不偏大也不偏小，规模报酬正处于由递增到递减之间临界点的最佳状态；当 SE＜1 时，表示该单元正处于规模报酬递增或递减的阶段，为非规模有效。

（3）当 TE = 1 且 SE = 1 时，即同时达到技术有效和规模有效，称该单元为 DEA 有效；当 TE = 1 或 SE = 1 时，即技术有效和规模有效有且只有一种达到，称该单元为弱 DEA 有效；当 TE＜1 且 SE＜1 时，即技术有效和规模有效同时没有达到，称该单元为非 DEA 有效。从绩效的角度分析，DEA 有效＞弱 DEA 有效＞非 DEA 有效。

6.4.5　DEA 的主要形式

DEA 模型包括 CCR、BCC、RAM 等主要模型。CCR 计算的是综合效率，BCC 计算的是技术效率，RAM 计算的是全要素生产率。

DMU 是决策单元，假设决策单元数量有 n 个，每个决策单元都有 m 个输入，s 个输出。

输入为

$$X=\begin{bmatrix} X_{11} & \cdots & X_{1n} \\ \vdots & & \vdots \\ X_{m1} & \cdots & X_{mn} \end{bmatrix}$$

输出为

$$Y=\begin{bmatrix} Y_{11} & \cdots & Y_{1n} \\ \vdots & & \vdots \\ Y_{s1} & \cdots & Y_{sn} \end{bmatrix}$$

1. CCR 模型

CCR 模型是 DEA 最基本的模型。它有两种形式，一种是分式规划，另一种是线性规划（Charnes et al.，1978）。这两种形式是等价的，前者通过比率定义得到，而后者基于一系列的生产公理假设获得。基于计算上的原因，人们通常采用后者。CCR 测度的效率由两部分组成，分别是技术效率和规模效率。在经济上，两者皆有解释：技术有效是指产出相对投入而言已经达到最大；规模有效是指投入量既不偏大，也不过小，是处于规模报酬不变的最佳状态。从几何意义上来说，θ_c（CCR 模型测得的效率）度量决策单元偏离有效前沿的程度，θ_c 越小，偏离程度越大，$\theta_c=1$ 表明决策单元位于有效前沿上。现存各个决策单元和有效前沿之间的差距，既表现在规模效率方面的差距，也表现在技术效率方面的差距。

DEA 方法：设有 n 个 DMU_j（$1\leqslant j\leqslant n$），DMU_j 有 m 种类型的输入和 s 种类

型的输出，当 x_i 的权重为 v_i，y_r 的权重为 u_r（$1 \leqslant i, r \leqslant n$）时，那么，第 j 个决策单元 DMU_j 的效率评价指数为

$$h_0 = \frac{\sum_{r=1}^{s} u_r y_{r0}}{\sum_{i=1}^{m} v_i x_{i0}}, \quad h_0 \leqslant 1$$

效率指数 h_0 表示在权重系数 u_r 与 v_i 下，产出为 $\sum_{r=1}^{s} u_r y_{r0}$ 及投入为 $\sum_{i=1}^{m} v_i x_{i0}$ 时的产出与投入之比，若某个或几个 DMU 的效率值最高，则它们的效率值为 1，其余的都小于 1。模型的目标函数就是使产出投入比最大，即效率值最高。模型具体如下

$$\begin{cases} \max h_0 = \dfrac{\sum_{r=1}^{s} u_r y_{r0}}{\sum_{i=1}^{m} v_i x_{i0}} \\ \text{s.t. } \dfrac{\sum_{r=1}^{s} u_r y_{rj}}{\sum_{i=1}^{m} v_i x_{ij}} \leqslant 1; \ j = 1, \cdots, n; \\ u_r, v_i > 0; \ r = 1, \cdots, s; \ i = 1, \cdots, m \end{cases}$$

式中，决策单元 j 记为 DMU_j，$1 \leqslant j \leqslant n$；$x_{ij}$ 为 DMU_j 第 i 种要素投入的数量，$x_{ij} > 0$；y_{rj} 为 DMU_j 第 r 种产出的数量，$y_{rj} > 0$；v_i 为第 i 种要素投入的权重；u_r 为第 r 种产出的权重；$j = 1, \cdots, n$；$r = 1, \cdots, s$；$i = 1, \cdots, m$。经过 Charnes-Cooper 变换，CCR 模型可以转换成以下形式：

$$\begin{cases} \max h_0 = \sum_{r=1}^{s} u_r y_{r0} \\ \text{s.t. } \sum_{i=1}^{m} \omega_i x_{ij} - \sum_{r=1}^{s} u_r y_{rj} \geqslant 0; \ j = 1, 2, \cdots, n; \\ u_r, \omega_i > 0; \ r = 1, 2, \cdots, s; \ i = 1, 2, \cdots, m \end{cases}$$

以上模型的对偶形式为

$$
\begin{cases}
\min \theta_0 \\
\text{s.t.} \sum_{j=1}^{n} \lambda_j x_{ij} \leqslant \theta_0 x_{i0} \\
\sum_{j=1}^{n} \lambda_j y_{rj} \geqslant y_{r0} \\
\lambda_j \geqslant 0;\ i=1,2,\cdots,m;\ r=1,2,\cdots,s
\end{cases}
$$

现在引入非阿基米德无穷小量的概念。若 $\varepsilon(\varepsilon>0)$为阿基米德无穷小量，满足：对 $\forall a>0$，$\exists N>0$，有 $N\cdot\varepsilon=a$。因此，若 $\varepsilon(\varepsilon>0)$为非阿基米德无穷小量，即对 $\forall a>0$，$\exists N>0$ 都有 $N\cdot\varepsilon<a$，也即 $\forall a>0$，$\exists N>0$，有 $\varepsilon<a/N$。引入非阿基米德无穷小量后，以上模型又可以改写为具有阿基米德无穷小量的模型，模型的具体形式为

$$
\begin{cases}
\min\left[\theta_0-\varepsilon\left(\sum_{i=1}^{m} s_i^- + \sum_{r=1}^{s} s_r^+\right)\right] \\
\text{s.t.} \sum_{j=1}^{n} \lambda_j x_{ij} + s_i^- = \theta_0 x_{i0} \\
\sum_{j=1}^{n} \lambda_j y_{rj} - s_r^+ = y_{r0} \\
\lambda_j \geqslant 0;\ i=1,2,\cdots,m;\ r=1,2,\cdots,s
\end{cases}
$$

式中，s_i^- 是与最优值相比可减少的投入，s_r^+ 是与最优值相比可增加的产出，都为松弛变量。θ_0 为待考察对象 DMU_0 的相对效率值。

（1）若 $\theta_0=1$，$s_i^-\neq 0$ 或 $s_r^+\neq 0$，则 DMU 弱有效，生产单元的投入产出水平恰当，但存在结构问题。

（2）若 $\theta_0=1$，且 $s_i^-=0$，$s_r^+=0$，则 DMU 有效，生产单元的投入产出水平和结构都是有效的。

（3）若 $\theta_0<1$，或松弛变量不为 0，则 DMU_0 处于效率前沿面之下，按 $x_{i0}^*=\theta_0 x_{i0}^- s_i^-$、$y_{r0}^*=y_{r0}^+ s_r^+$ 调整投入和产出，它可以达到效率前沿面。

CCR 模型的生产可能性集和有效前沿提供一个评价基准。我们评价一个决策单元效率如何，要有一个评价标准。生产可能性集和有效前沿就能提供一个评价基准，在假设的前提下，有效前沿给出最优的输入和输出之间的关系。CCR 模型的生产可能性集类似于在经济学中讨论生产函数时所讨论的生产可能性集，可以用生产可能性集来做说明。假设现实中，不同企业的投入和产出各不相同，因而很难判断不同企业的效率的高低。我们不知道实际的生产函数，从而很难获得一个绝对基准。那么，可以退而求其次，构造一个评价基准，由此来评价各个企业。

在构建前，需要解决一系列问题，如任意企业间如何比较；缺少数据的部分，其评价基准怎么确定。为了解决这些问题，才有了上述的五个假设。利用现存数据，结合这些假设，我们就能构建出生产可能性集，进而构建一个评价基准。这个基准就是现存最优效率（最好技术）下的生产函数。我们知道了 CCR 模型的生产可能性集，也就知道了其“生产函数”——有效前沿。

2. BCC 模型

CCR 模型是在固定规模报酬（constant returns to scale，CRS）条件下的模型，Banker 等（1984）提出了 CRS 模型的改进方案，以考虑规模报酬可变（variable return to scale，VRS）的情况（也称 BCC 模型）来分析企业的技术效率水平。与 CCR 模型相比，BCC 模型只是加上了一个凸性假设，即权重之和等于 1 的约束条件。

在 VRS 假设下，投入导向 BCC 模型的具有非阿基米德无穷小量模型的具体形式为

$$\begin{cases} \min\left[\theta_0 - \varepsilon\left(\sum_{i=1}^{m} s_i^- + \sum_{r=1}^{s} s_r^+\right)\right] \\ \text{s.t.}\ \sum_{j=1}^{n} \lambda_j x_{ij} + s_i^- = \theta_0 x_{i0} \\ \sum_{j=1}^{n} \lambda_j y_{rj} - s_r^+ = y_{r0} \\ \sum_{j=1}^{n} \lambda_j = 1 \\ \lambda_j \geqslant 0;\ j=1,2,\cdots,n;\ i=1,2,\cdots,m;\ r=1,2,\cdots,s \end{cases}$$

除了通过 $\sum_{j=1}^{n}\lambda_j = 1$ 所代表的含义来说明上式是 BCC 模型，同样，我们可以证明 BCC 模型的生产可能性集如下

$$T_{\text{BCC}} = \left\{(X_k, Y_k)\left|\sum_{j=1}^{n} X_j\lambda_j \leqslant \theta_{\text{B}} X_k, \sum_{j=1}^{n} Y_j\lambda_j \geqslant Y_k, \sum_{j=1}^{n}\lambda_j = 1, \lambda_j \geqslant 0, j=1,2,\cdots,n\right.\right\}$$

则 BCC 模型可改写成下面形式：

$$\begin{aligned} &\min\ \ \theta_{\text{B}} \\ &\text{s.t.}\ \ (\theta_{\text{B}} X_k, Y_k) \in P_{\text{BCC}} \end{aligned}$$

CCR 模型和 BCC 模型的差别：在假设方面，表现为锥形假设的有无；在测度的效率方面，表现为效率含义的不同，CCR 模型测得的效率包含技术效率和规模效

率，而 BCC 模型测得的效率仅仅是技术效率。为了更直观地比较，我们用图 6.2 描述。

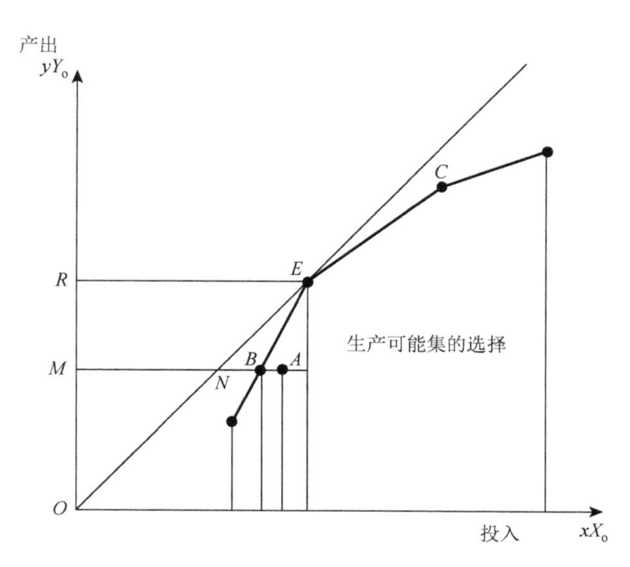

图 6.2　CCR 模型和 BCC 模型的差别

ONE 射线代表的是 CCR 模型的有效前沿面，*BEC* 曲线代表了 BCC 模型的有效前沿面。以 *A* 为例，可得到技术效率和规模效率的总效率、技术效率和规模效率。

$$A\text{ 点的技术效率是}=\frac{MB}{MA}$$

$$A\text{ 点的规模效率是}=\frac{MN}{MB}$$

$$A\text{ 点的总效率是}=\frac{MB}{MA}\times\frac{MN}{MB}=\frac{MN}{MA}$$

通过 CCR 模型和 BCC 模型的比较，我们知道 CCR 模型多了凸性假设的要求。BCC 模型没有凸性假设的要求，在模型中表现为增加了 $\sum_{j=1}^{n}\lambda_j=1$。这样，任何一点和投影点都是处于同一规模，从而避免了规模的不同而引起的差距。所以 BCC 模型测度任意决策单元的效率，其基准（BCC 的有效前沿面）只包括最佳技术效率，因而这样测得的效率就是技术效率。为什么考虑规模效率呢？因为投出等比例变化，产出未必等比例变化，这就需要考量规模效率。CCR 模型的凸性假设意味着我们不考虑规模，只要选出产出加权平均和投入加权平均的比值最大，然后等比例放缩，这样就构成整个有效前沿面。所以测度 CCR 模型任意决策单元的效率，其基准（CCR 的有效前沿面）包括最优规模和最佳技术效率。在几何上的差别就是，CCR 的有效前沿面由从原点的射线构成，而 BCC 的有效前沿面由诸多线段构成。

3. RAM 模型

RAM 模型是一种非径向的 DEA 模型，是基于松弛变量的模型，其目标函数是调整后的投入和产出的松弛变量之和。相对于 RAM 模型，投影方式测算的效率存在高估决策单元效率的现象。Sueyoshi 和 Goto（2012）发展了该模型，并将其应用到环境问题，在自然可处置（natural disposability）和管理可处置（managerial disposability）概念下，将投入分成两个部分。自然可处置意味着，该决策单元（DMU）为了减少非期望产出，直接减少投入。自然可处置是一种消极的适应环保规则的方式，属于传统的效率提升方法。管理可处置意味着，DMU 提高投入，减少非期望产出的同时提高期望产出。管理可处置被认为是一种主动适应环保规则的行为，采用新技术和提高管理能力以达到这一目标。

假设有 n 个 DMU，第 j 个 DMU$(j=1,\cdots,n)$ 的投入是 X_j，其有两类产出，一种是期望产出 G_j，另一种是非期望产出 B_j。其中 $X_j=(x_{1j},\cdots,x_{mj})^{\mathrm{T}}$，$G_j=(g_{1j},\cdots,g_{sj})^{\mathrm{T}}$，$B_j=(b_{1j},\cdots,b_{fj})^{\mathrm{T}}$。上标“T”意味着矩阵（或向量）转置，并且我们假设对 $j=1,\cdots,n$，都有 $X_j>0$、$G_j>0$ 和 $B_j>0$，因为传统 DEA 模型都假设投入和产出都是“好的”。处理“不好”投入和产出的方式有多种。在无效性假设下，我们知道存在 $(X_j,Y_j)\in P$，对于任意 $X_j^0\geqslant X_j$，$Y_j^0\leqslant Y_j$，有 $(X_j^0,Y_j^0)\in P$。其中 P 是生产可能性集。

$$P=\left\{(X_*,Y_*)\left|\sum_{j=1}^{n}X_j\lambda_j\leqslant X_*,\sum_{j=1}^{n}Y_j\lambda_j\geqslant Y_*,\lambda_j\in S\right.\right\}$$

式中，$S=\{\lambda_j\geqslant 0,j=1,2,\cdots,n\}$，或者 $S=\left\{\sum_{j=1}^{n}\lambda_j=1,\lambda_j\geqslant 0,j=1,2,\cdots,n\right\}$。假设存在强的处置（strong disposability）假设下，如果存在“不好的”的投入和产出，有下面表述：

$$(X_j,Y_j)=(X_j^{\mathrm{g}},X_j^{\mathrm{b}},G_j,B_j)\in P$$

如果

$$X_j^{\mathrm{g}}\leqslant X_*^{\mathrm{g}},X_j^{\mathrm{b}}\geqslant X_*^{\mathrm{b}},G_j\geqslant G_*,B_j\leqslant B_*$$

那么肯定有

$$(X_*^{\mathrm{g}}, X_*^{\mathrm{b}}, G_*, B_*) \in P$$

所以包含“不好的”投入和产出的生产可能性集是

$$P=\left\{(X_*^{\mathrm{g}}, X_*^{\mathrm{b}}, G_*, B_*) \middle| \sum_{j=1}^{n} X_j^{\mathrm{g}}\lambda_j \leqslant X_*^{\mathrm{g}},\right.$$

$$\left.\sum_{j=1}^{n} X_j^{\mathrm{b}}\lambda_j \geqslant X_*^{\mathrm{b}}, \sum_{j=1}^{n} G_j\lambda_j \geqslant G_*, \sum_{j=1}^{n} B_j\lambda_j \leqslant B_*, \lambda_j \in S\right\}$$

式中，X_j^{g} 和 X_j^{b} 分别是“好的”投入和“不好的”投入；G_j 和 B_j 分别是期望产出和非期望产出。

任何决策单元的效率由两部分组成，一个是和期望产出边界的距离；另一个是和非期望产出边界的距离。因为有污染减排的要求，那么 DMU_k 有两种减排措施，一种是减少投入来实现减排；另一种是增加投入来实现减排。考虑投入可部分或全部增加、部分或全部减少，我们可以构建出三种模型。

1）自然可处置下的效率

根据 Sueyoshi 和 Goto（2012），获取第 k 个 DMU 在自然可处置下的效率（unified efficiency under natural disposability，UEN）模型如下

$$\begin{aligned}
\max\ & \sum_{i=1}^{m} R_i^x d_i^x + \sum_{r=1}^{s} R_r^{\mathrm{g}} d_r^{\mathrm{g}} + \sum_{f=1}^{h} R_f^{\mathrm{b}} d_f^{\mathrm{b}} \\
\text{s.t.}\ & \sum_{j=1}^{n} x_{ij}\lambda_j + d_i^x = x_{ik}, \quad i=1,\cdots,m \\
& \sum_{j=1}^{n} g_{rj}\lambda_j - d_r^{\mathrm{g}} = g_{rk}, \quad r=1,\cdots,s \\
& \sum_{j=1}^{n} b_{fj}\lambda_j + d_f^{\mathrm{b}} = b_{fk}, \quad f=1,\cdots,h \\
& \sum_{j=1}^{n} \lambda_j = 1 \\
& \lambda_j \geqslant 0, j=1,\cdots,n); \quad d_i^x \geqslant 0, i=1,\cdots,m \\
& d_r^{\mathrm{g}} \geqslant 0, r=1,\cdots,s; \quad d_f^{\mathrm{b}} \geqslant 0, f=1,\cdots,h
\end{aligned}$$

在模型中，$d_i^x(i=1,\cdots,m)$、$d_r^{\mathrm{g}}(r=1,\cdots,s)$ 和 $d_f^{\mathrm{b}}(f=1,\cdots,h)$ 分别是相对于投入、期望产出和非期望产出的松弛变量。$+d_i^x$ 意味着减少所有投入，以提高第 $k(k=1,\cdots,n)$

个 DMU 的效率。$\lambda_j (j=1,\cdots,n)$ 是未知参数，用来连接各个 DMU，以构建有效前沿。

目标函数中，对投入和产出的松弛变量进行调整的 R_i^x、R_r^{g} 和 R_f^{b} 定义如下：

$$R_i^x = (m+s+h)^{-1}(\max\{x_{ij} \mid j=1,\cdots,n\} - \min\{x_{ij} \mid j=1,\cdots,n\})^{-1}$$

$$R_r^{\mathrm{g}} = (m+s+h)^{-1}(\max\{g_{rj} \mid j=1,\cdots,n\} - \min\{g_{rj} \mid j=1,\cdots,n\})^{-1}$$

$$R_f^{\mathrm{b}} = (m+s+h)^{-1}(\max\{b_{fj} \mid j=1,\cdots,n\} - \min\{b_{fj} \mid j=1,\cdots,n\})^{-1}$$

第 k 个 DMU 的 UEN 为

$$\mathrm{UEN} = 1 - \left(\sum_{i=1}^{m} R_i^x d_i^x + \sum_{r=1}^{s} R_r^{\mathrm{g}} d_r^{\mathrm{g}} + \sum_{f=1}^{h} R_f^{\mathrm{b}} d_f^{\mathrm{b}} \right)$$

2）管理可处置下的效率

根据 Sueyoshi 和 Goto（2012），获取第 k 个 DMU 在管理可处置下的效率（unified efficiency under managerial disposability，UEM）模型如下

$$\max \sum_{i=1}^{m} R_i^x d_i^x + \sum_{r=1}^{s} R_r^{\mathrm{g}} d_r^{\mathrm{g}} + \sum_{f=1}^{h} R_f^{\mathrm{b}} d_f^{\mathrm{b}}$$

$$\begin{aligned}
\text{s.t.} \quad & \sum_{j=1}^{n} x_{ij}\lambda_j - d_i^x = x_{ik}, \quad i=1,\cdots,m \\
& \sum_{j=1}^{n} g_{rj}\lambda_j - d_r^{\mathrm{g}} = g_{rk}, \quad r=1,\cdots,s \\
& \sum_{j=1}^{n} b_{fj}\lambda_j + d_f^{\mathrm{b}} = b_{fk}, \quad f=1,\cdots,h \\
& \sum_{j=1}^{n} \lambda_j = 1 \\
& \lambda_j \geqslant 0, j=1,\cdots,n; \quad d_i^x \geqslant 0, i=1,\cdots,m \\
& d_r^{\mathrm{g}} \geqslant 0, r=1,\cdots,s; \quad d_f^{\mathrm{b}} \geqslant 0, f=1,\cdots,h
\end{aligned}$$

$-d_i^x$ 意味着增加所有投入，以提高第 k 个 DMU 的效率。

第 k 个 DMU 的 UEM 为

$$\mathrm{UEM} = 1 - \left(\sum_{i=1}^{m} R_i^x d_i^x + \sum_{r=1}^{s} R_r^{\mathrm{g}} d_r^{\mathrm{g}} + \sum_{f=1}^{h} R_f^{\mathrm{b}} d_f^{\mathrm{b}} \right)$$

3）自然和管理可处置下的效率

根据 Sueyoshi 和 Goto（2014），获取第 k 个 DMU 在自然和管理可处置下的效率（unified efficiency under natural and managerial disposability，UENM）模型如下

$$
\begin{aligned}
\max\ & \sum_{i=1}^{m^-} R_i^{x-} d_i^{x-} + \sum_{q=1}^{m^+} R_q^{x+} d_q^{x+} + \sum_{r=1}^{s} R_r^{\mathrm{g}} d_r^{\mathrm{g}} + \sum_{f=1}^{h} R_f^{\mathrm{b}} d_f^{\mathrm{b}} \\
\text{s.t.}\ & \sum_{j=1}^{n} x_{ij}^- \lambda_j + d_i^{x-} = x_{ik}^-, \quad i = 1,\cdots,m^- \\
& \sum_{j=1}^{n} x_{qj}^+ \lambda_j - d_q^{x+} = x_{qk}^+, \quad q = 1,\cdots,m^+ \\
& \sum_{j=1}^{n} g_{rj} \lambda_j - d_r^{\mathrm{g}} = g_{rk}, \quad r = 1,\cdots,s \\
& \sum_{j=1}^{n} b_{fj} \lambda_j + d_f^{\mathrm{b}} = b_{fk}, \quad f = 1,\cdots,h \\
& \sum_{j=1}^{n} \lambda_j = 1 \\
& \lambda_j \geqslant 0, j = 1,\cdots,n; \quad d_i^{x-} \geqslant 0, i = 1,\cdots,m^- \\
& d_i^{x+} \geqslant 0, q = 1,\cdots,m^+; \quad d_r^{\mathrm{g}} \geqslant 0, r = 1,\cdots,s \\
& d_f^{\mathrm{b}} \geqslant 0, f = 1,\cdots,h
\end{aligned}
$$

按照不同的假设，将原来的投入 X_k 分成两部分，X_k^-（自然可处置）和 X_k^+（管理可处置）。减少 $X_k^- = (x_{1k}^-,\cdots,x_{m^-k}^-)$ 并增加 $X_k^+ = (x_{1k}^+,\cdots,x_{m^+k}^+)$，以提高第 k 个 DMU 的效率。

第 k 个 DMU 的 UENM 为

$$
\mathrm{UENM} = 1 - \left(\sum_{i=1}^{m^-} R_i^x d_i^{x-} + \sum_{q=1}^{m^+} R_q^x d_q^{x+} + \sum_{r=1}^{s} R_r^{\mathrm{g}} d_r^{\mathrm{g}} + \sum_{f=1}^{h} R_f^{\mathrm{b}} d_f^{\mathrm{b}} \right)
$$

4）投资策略

期望产出和非期产出之间可能存在一定关系，如期望产出增加会伴随着非期望产出的下降，如果能识别这种关系，那对决策单元的投资策略将十分有帮助。Sueyoshi 和 Goto（2014）提出能识别期望产出和非期产出之间关系的 DEA 模型。他们将投资所带来的期望产出和非期望产出之间的关系视为合意拥堵（desirable congestion，DC）。期望产出增加会带来非期望产出变化（damages to return，DTR）。如果一项投资的 DTR 为负值，也就是期望产出的增加会带来非期望产出的减少，那么这项投资是值得建议的；如果 DTR 为 0，就期望产出和非期望产出之间的关系而言，这样投资是不必要的；如果 DTR 为正值，就期望产出和非期望产出之间的关系而言，这样投资是不建议的。

识别第 k 个 DMU 的 DTR 的模型如下

$$
\begin{aligned}
\min\ & \sum_{i=1}^{m^-} v_i x_{ik}^- - \sum_{q=1}^{m^+} z_q x_{qk}^+ + \sum_{r=1}^{s} u_r g_{rk} - \sum_{f=1}^{h} w_f b_{fk} + \sigma \\
\text{s.t.}\ & \sum_{i=1}^{m^-} v_i x_{ij}^- - \sum_{q=1}^{m^+} z_q x_{qj}^+ + \sum_{r=1}^{s} u_r g_{rj} + \sum_{f=1}^{h} w_f b_{fj} + \sigma \geqslant 0, \quad j=1,\cdots,n \\
& v_i \geqslant R_i^x, \quad i=1,\cdots,m^- \\
& z_q \geqslant R_q^x, \quad q=1,\cdots,m^+ \\
& u_r : \text{URS}, \quad r=1,\cdots,s \\
& w_f \geqslant R_f^{\text{b}}, \quad f=1,\cdots,h \\
& \sigma : \text{URS}
\end{aligned}
$$

v_i、z_q、u_r、w_f 分别是自然可处置投入、管理可处置投入、期望产出、非期望产出，σ 是没做任何限制的变量，URS 是固定参数。其对偶形式是

$$
\begin{aligned}
\max\ & \sum_{i=1}^{m^-} R_i^x d_i^{x-} + \sum_{q=1}^{m^+} R_q^x d_q^{x+} + \sum_{f=1}^{h} R_f^{\text{b}} d_f^{\text{b}} \\
\text{s.t.}\ & \sum_{j=1}^{n} x_{ij}^- \lambda_j + d_i^{x-} = x_{ik}^-, \quad i=1,\cdots,m^- \\
& \sum_{j=1}^{n} x_{qj}^+ \lambda_j - d_q^{x+} = x_{qk}^+, \quad q=1,\cdots,m^+ \\
& \sum_{j=1}^{n} g_{rj} \lambda_j - d_r^{\text{g}} = g_{rk}, \quad r=1,\cdots,s \\
& \sum_{j=1}^{n} b_{fj} \lambda_j + d_f^{\text{b}} = b_{fk}, \quad f=1,\cdots,h \\
& \sum_{j=1}^{n} \lambda_j = 1 \\
& \lambda_j \geqslant 0, j=1,\cdots,n; \quad d_i^{x-} \geqslant 0, i=1,\cdots,m^- \\
& d_q^{x+} \geqslant 0, q=1,\cdots,m^+; \quad d_f^{\text{b}} \geqslant 0, f=1,\cdots,h
\end{aligned}
$$

4. 网络 DEA 模型

网络 DEA 的建模大致从两个角度出发：一是从原问题出发；二是从生产可能性集出发。从原问题出发，构建基本两阶段 DEA 模型，或者一般两阶段 DEA 模型。从生产可能性集出发的模型，很少能从一般性角度去构建子系统生产可能性

集与总系统生产可能性集的关系。而且从生产可能性集出发，往往关注 SBM 模型，较多地忽视其他模型。

设第 $j(j=1,2,\cdots,n)$ 个 DMU 具有网状结构，由 $k(k=1,2,\cdots,K)$ 部分组成。每部分可以由其子部分构成。第 k 个部分的生产可能性集是 PPS_k 。第 k 部分使用投入 $X_j^k=(X_{i,j}^k,i=1,2,\cdots,m^k)$ 来生产 $Y_j^k=(Y_{r,j}^k,r=1,2,\cdots,s^k)$ 。

投入 X_j^k 可分为两部分：一是期望投入 $X_j^{k_D}=(X_{i_d,j}^{k_D},i_d=1,2,\cdots,m^{k_d})$ ；二是非期望投入 $X_j^{k_U}=(X_{i_u,j}^{k_U},i_u=1,2,\cdots,m^{k_u})$ 。产出 Y_j^k 同样可以分为两个部分：一是期望产出 $Y_j^{k_D}=(Y_{r_d,j}^{k_D},r_d=1,2,\cdots,s^{k_d})$ ；二是非期望产出 $Y_j^{k_U}=(Y_{r_u,j}^{k_U},r_u=1,2,\cdots,s^{k_u})$ 。第 k 部分的生产可能性集是

$$\text{PPS}_k=\left\{(X_j^{k_D},X_j^{k_U},Y_j^{k_D},Y_j^{k_U})\left|\begin{array}{c}X^{k_D}\lambda^k\leqslant X_j^{k_D},Y^{k_D}\lambda^k\geqslant Y_j^{k_D},X^{k_U}\lambda^k\geqslant X_j^{k_U},\\ Y^{k_U}\lambda^k\leqslant Y_j^{k_U},\lambda^k\in S^k\end{array}\right.\right\}$$

式中，$S^k=\{\lambda_j^k\geqslant 0\}$ ，$\left\{\lambda_j^k\geqslant 0,\sum_{j=1}^{n}\lambda_j^k=1\right\}$，$\left\{\lambda_j^k\geqslant 0,\sum_{j=1}^{n}\lambda_j^k\leqslant 1\right\}$或者$\left\{\lambda_j^k\geqslant 0,\sum_{j=1}^{n}\lambda_j^k\geqslant 1\right\}$。

投入 X_j^k 可分为两部分：一是外生投入（不由决策单元任何子部分提供）$X_j^{k_X}=(X_{i_x,j}^{k_X},i_x=1,2,\cdots,m^{k_x})$ ；二是内生投入（由决策单元任何子部分提供）$X_j^{k_E}=(X_{i_e,j}^{k_E},i_e=1,2,\cdots,m^{k_e})$ 。产出 Y_j^k 同样可以分成两部分：一是外生投入（不由决策单元任何子部分作为投入的部分）$Y_j^{k_X}=(Y_{r_x,j}^{k_X},r_x=1,2,\cdots,s^{k_x})$；二是中间产出（由决策单元任何子部分作为投入的部分）$Y_j^{k_I}=(Y_{r_i,j}^{k_I},r_i=1,2,\cdots,s^{k_i})$ 。第 k 部分的中间产出 $Y_{r_i,j}^{k_I}$ 直接为第 $l(l=1,2,k-1,k,k+1,\cdots,K)$ 部分，第 i_e 个内生投入 $X_{i_e,j}^{l_E}$ ，其中 $r_i=1,2,\cdots,s^{k_i}$ ， $i_e=1,2,\cdots,m^{l_e}$ 。

整个决策单元的生产可能性集是

$$\text{PPS}=\left\{X_{k=1}^{K}\text{PPS}_k,\quad Y_{r_i,j}^{k_I}=\sum_{l=1,l\neq k}^{K}X_{i_e,j}^{l_E},r_i=1,2,\cdots,s^{k_i},i_e=1,2,\cdots,m^{l_e},j=1,2,\cdots,n\right\}$$

总系统的生产可能性集是每个子系统生产可能性集的笛卡儿积，子系统之间的关系通过输入与输出之间的关系来构建。每个子系统的生产可能性集也能是其子系统的笛卡儿积。对于每个子系统，我们可以根据参考点选择的不同、投入产出性质的不同，来对传统单阶段 DEA 的生产可能性集进行调整。

假设有 n 个决策单元（DMU）。其创新包含两个过程，一个是知识创造过

程，另一个是知识商业化过程。对于知识创造过程，其投入是 $X_j^1(j=1,2,\cdots,m^1)$，最终产出是 $Y_j^1(j=1,2,\cdots,s^1)$，中间产出是 $Z_j(j=1,2,\cdots,q)$。对于知识商业化过程，其投入是 $X_j^2(j=1,2,\cdots,m^2)$ 和 $Z_j(j=1,2,\cdots,q)$，其最终产出是 $Y_j^2(j=1,2,\cdots,s^2)$。

在 CCR 假设下，DMU$_k$ 效率为

$$E_k^{\mathrm{BCC}}=\min\left[\theta-\varepsilon(e_1^T\varDelta_{k-}^1+e_2^T\varDelta_{k+}^1+e_3^T\varDelta_{kI}+e_4^T\varDelta_{k-}^2+e_5^T\varDelta_{k+}^2)\right]$$

$$\begin{aligned}
\text{s.t. }&\theta X_k^1-\sum_{j=1}^n\lambda_j^1X_j^1-\varDelta_{k-}^1=0\\
&\sum_{j=1}^n\lambda_j^1Y_j^1-Y_k^1-\varDelta_{k+}^1=0\\
&\sum_{j=1}^n\lambda_j^1Z_j-Z_k-\varDelta_{k+}^1=0\\
&\theta Z_k-\sum_{j=1}^n\lambda_j^2Z_j-\varDelta_{k-}^1=0\\
&\theta X_k^2-\sum_{j=1}^n\lambda_j^2X_j^2-\varDelta_{k-}^2=0\\
&\sum_{j=1}^n\lambda_j^2Y_j^2-Y_k^2-\varDelta_{k+}^2=0\\
&\lambda_j^1,\lambda_j^2,\varDelta_{k-}^1,\varDelta_{k+}^1,\varDelta_{kI},\varDelta_{k-}^2,\varDelta_{k+}^2\geqslant 0\\
&\theta\text{是自由变量}
\end{aligned}$$

可看出其生产可能性集为

$$P_{\mathrm{CCR}}=\left\{(X_k^1,X_k^2,Z_k,Y_k^1,Y_k^2)\left|\begin{matrix}X^1\lambda^1\leqslant X_k^1,Y^1\lambda^1\geqslant Y_k^1,Z\lambda^1\geqslant Z_k,Z\lambda^2\leqslant Z_k,\\X^2\lambda^2\leqslant X_k^2,Y^2\lambda^2\geqslant Y_k^2,\lambda_j^1,\lambda_j^2\geqslant 0,j=1,2,\cdots,n\end{matrix}\right.\right\}$$

其中

$$P_1=\left\{(X_k^1,Y_k^1,Z_k)\left|\begin{matrix}X^1\lambda^1\leqslant X_k^1,Y^1\lambda^1\geqslant Y_k^1,\\Z\lambda^1\geqslant Z_k,\lambda_j^2\geqslant 0,j=1,2,\cdots,n\end{matrix}\right.\right\}$$

$$P_2=\left\{(Z_k,X_k^2,Y_k^2)\left|\begin{matrix}Z\lambda^2\leqslant Z_j,X^2\lambda^2\leqslant X_k^2,\\Y^2\lambda^2\geqslant Y_k^2,\lambda_j^2\geqslant 0,j=1,2,\cdots,n\end{matrix}\right.\right\}$$

可以看出总系统的生产可能性集 P_{CCR} 是两个子系统生产可能性集的笛卡儿积，其

过程 1 的中间产出直接为过程 2 的内生投入，所以两者相等。子系统和总系统之间的关系通过中间产出来联系，因而子系统和总系统之间的结构具有一般性。每个子系统可以根据其规模报酬不变、可变、递增、递减、是否包括“不好”的投入和产出、DMU 与有效前沿的比较点的不同进行调节，因而总系统的生产可能性集具有一般性。

6.4.6　DEA 方法的优缺点

运用 DEA 方法评价效率的优势如下。

（1）DEA 方法可用于多项投入与多项产出的效率评估。与以往仅能够处理单项产出的效率评估方法不同，该方法能够处理多投入与多产出，而且无须构建生产函数对参数进行估计。

（2）DEA 方法不受投入产出量纲的影响。DEA 方法不会因为计量单位的不同而影响最终的效率评估结果，只要所有 DMU 使用相同的计量单位，仍然能够求出效率值。

（3）DEA 方法以综合指标评价效率。该指标代表资源使用的情况，适合描述全要素生产效率状况，并且可对 DMU 之间的效率作出比较。

（4）DEA 方法中的权重不受人为主观因素的影响。该方法中的权重由数学规划产生，不需预先赋予权重值，对 DMU 的评价相对比较公平。

（5）DEA 方法对非效率的 DMU 提出改善的方向。DEA 方法通过对松弛变量的分析，可进一步了解非效率 DMU 资源使用状况，并对其非效率的资源提出改进的方向和大小，从而为决策者提供改善效率的途径。

运用 DEA 模型的弊端如下。

（1）DEA 方法只是对 DMU 的相对效率评估，而非绝对效率评估。因此 DEA 并不能完全取代传统比率分析法对绝对效率的分析。

（2）DEA 方法无法衡量产出为负的状况。线性模型假设使 DEA 分析简化，但产出为正是线性规划求解的前提，若产出为负，在该方法下则无法衡量。

（3）DEA 方法中投入与产出项的选择对效率评估结果有决定性的影响。若投入项与产出项选取不当，则会影响生产前沿的形状和位置，从而影响效率评估的准确性。

（4）DEA 方法虽然可以对效率作出评价，但造成有效率或无效率的原因仍然需要进一步的考察。

（5）DEA 方法评价的 DMU 必须有足够的数量。即受评估的 DMU 个数应为投入与产出项个数之和的两倍或两倍以上，否则将导致大多数 DMU 有效。

6.5 案例分析

以成本效率为依据进行筛选，成本效率法在环境损害修复方案筛选中的应用以下面的四个例子进行说明。

1.《哥德堡议定书》防酸化政策的成本效益分析

1999 年，联合国欧洲经济委员会（the United Nations Economic Commission for Europe，UNECE）中 31 个国家在瑞典哥德堡签署了《远距离跨境空气污染公约》（Long-range Transboundary Air Pollution，LRTAP）框架下旨在降低酸化、富营养化和近地表臭氧浓度的《哥德堡议定书》。1979～1999 年《哥德堡议定书》谈判期间，成本效益分析首次用于评估欧洲防酸化政策。《哥德堡议定书》设置了 2010 年四种污染物的国家排放限值，该限值通过运用国际应用系统分析研究所开发的 RAINS 模型对污染影响程度和削减的选项模块科学评估而得出，估算了基准年 1990 年至 2010 年间的减排成本。

根据成本效益分析结果，《哥德堡议定书》实施后，至 2010 年，欧洲的四大污染物 SO_2、NO_x、VOCs 和 NH_3-N 排放量较 1990 年分别减少 63%、41%、40% 和 17%。由大气污染物减排产生的成本每年大约为 599 亿欧元（欧盟 15 国）、98 亿欧元（UNECE 其他国家）和 697 亿欧元（欧洲），而每年由于大气污染物减排降低损害所产生的效益超过千亿美元。至 2010 年欧盟 15 国等实施《哥德堡议定书》后，除葡萄牙外，其余各国效益均大于成本。

2. 欧洲清洁空气项目的成本效益分析

2001 年 5 月，欧盟委员会启动了欧洲清洁空气（the Clean Air for Europe，CAFE）计划，旨在收集整理并验证有关室外空气污染、空气质量评估、污染物排放与空气质量预测等领域的科学数据，提出长期性、战略性的综合政策建议以改善欧洲的空气质量。欧洲清洁空气计划利用 EMEP 和 RAINS 模型计算出的污染数据作为基线数据，使用成本效益分析法评估了 2000～2020 年的环境状况，分析了同一时期政策实施的效益，重点关注了健康（死亡率和发病率）、材料（建筑物）、作物、生态系统（淡水、陆地、森林等生态系统）四个方面。

研究结果表明，2000～2020 年，实施欧洲清洁空气相关立法措施将产生巨大收益，每年由空气污染造成的各类损失将减少 890 亿～1830 亿欧元，平均至 15 国，人均收益预计为 195～401 欧元。这其中尚不包括无法用货币衡量的各类效益，如生态系统和历史文化遗产所受的损害减少。尽管如此，到 2020 年，大气污染仍将造成重大损失，估算损失值为每年 1910 亿～6110 亿欧元。

3. 荷兰地表水管理成本效益分析

《欧盟水框架指令》（Water Framework Directive，WFD）架构了欧盟水管理的总体战略，确立了欧盟水环境保护目标。《欧盟水框架指令》最重要的创新之处在于将经济原则及其分析方法纳入水管理政策中。荷兰公共事务与水管理总司和区域水务局为落实《欧盟水框架指令》提出的国别和区域水体管理目标，于 2007 年制定了一系列政策，计划于 2007～2027 年执行。

成本效益分析结果表明，为落实公共事务与水管理总司/区域政策方案，2007～2027 年需投资 71 亿欧元。其中 2/3 的投资基于现有或已提出的管理政策，《欧盟水框架指令》执行的额外成本据估算为 29 亿欧元。按投资主体划分，区域水委员会承担 54 亿欧元，公共事务与水管理总司承担 17 亿欧元。如 71 亿欧元投资全部到位，预计其在 2007～2027 年产生的社会成本为每年 3.9 亿欧元，由水委员会、市政和公共事务与水管理总司共同负担。2007～2027 年每个家庭额外支付年增长率为 0.7%，其中 1/3 的额外支付为执行《欧盟水框架指令》所产生的成本。执行《欧盟水框架指令》能够通过推广和落实政策，改善水文气象条件，显著改善荷兰地表水生态环境质量。这些措施具有净效益。《欧盟水框架指令》最重要的收益为水体生态质量改善，其他收益包括娱乐功能、促进健康和渔业生产。但这些收益难以用货币形式量化。同时，评估认为，既定政策目标难以在 2027 年达成，且执行《欧盟水框架指令》对落实欧盟 Natura2000 规划的贡献有限。

4. 某军工企业搬迁成本效益分析

该案例是分析将位于居民区的工业企业搬迁到指定的工业区的经济可行性。该场地位于以色列，面积为 4.4 万 m^2，工厂运行时间为 1950～1997 年，主要生产军工用武器，生产期间涉及重金属、氰化物等危险物质的使用。1997 年工厂关闭，并进行了搬迁。调查发现共有 9000 多 t 污染土壤及 6.4 亿 m^3 受污染地下水，需要进行修复。成本主要为搬迁和修复费用，直接效益为工厂所在地土地价值的上升，间接效益包括增加市政税收和周围房地产价格的回升等。

该项目总的修复费用（场地调查、监测，以及土壤、空气、水的修复费用）约为 1.67 亿元，见表 6.3。其中调查费用仅占总费用的 3%左右；处理和修复费用是预估的，占的比例较大，达 80%以上。除此之外，还包括以色列土地管理局支付给企业的，代表土地价值的额外的搬迁费用 1719.75 万元。因此，从整个国家的角度来看，总共的费用约为 1.84 亿元。

表 6.3　某军工企业搬迁成本效益分析表

构成	类别	组别	费用估计	折现后费用
成本	调查费用	土壤调查	144.46 万元	
		空气测试	2.41 万元	
		房屋和地下室空气测试	22.7 万元	
		水资源委员会报告	306.12 万元	
		公众健康调查	122.45 万元	
	处理和修复费用	土壤处理	2063.7 万元	
		土壤保险费用	267.59 万元	
		保护建筑物	未知	
		污染水处理	1.38 亿元	
	搬迁费用		1719.75 万元	
	总计		1.84 亿元	1.84 亿元
效益	直接效益	商业区	6535.05 万元	1.38 亿元
		住宅区	4.82 亿元	
		总计	5.47 亿元	
	间接效益	市政税收	1375.80 万元	7291.74 万元
		A 区房地产	11.01 亿元	
		B 区房地产	3.71 亿元	
	总计		20.33 亿元	14.45 亿元

直接效益为场地的房地产价值。场地总面积为 4.4 万 m^2，根据官方的区域发展规划，场地将工业用地转换为住宅/商业/公共用途的混合利用模式，根据住宅价格 5503 元/m^2，商业区价格 4127 元/m^2 估算得到该场地的房地产价值约为 5.47 亿元，折现后为 1.38 亿元。

根据已批准的城市规划，基于新的土地利用方式的税收和之前工业用途的税收相差 1375.80 万元，折现后税收增加约为 7291.74 万元。

该案例比较了污染消息发布前后房地产价格的变化，也比较了附近的房地产价格的变化，还比较了附近的房地产价格与同时期距场地较远的区域有相似特性的房地产价格。由于污染的消息是在 1997～1998 年发布的，因此比较时间为 1997～2003 年。选择与场地接壤的邻近区域和远离场地的对照区，由于其他特性都相似，假定这两个区域的房地产价格差异仅仅与场地的污染有关。基于税务部门的数据库，获得了 400 个房地产交易的信息；根据交易数据，计算得到了房地产价格随时间的变化趋势线；根据趋势线，估计了开始和结束时的房地产价格。

结果表明，邻近区域和对照区房地产价格有 8%的差异。为了更准确地分析不同距离处的影响，将邻近区域分为两部分，0～400m 的 A 区和 400～800m 的 B 区，对 A 区的影响为 10%，对 B 区的影响为 5%。将每个区域住房单元数量乘以单元房屋的价格，得到房屋单元的总价值；然后，将 B 区总的房屋单元价值乘以 5%，A 区总的房屋单元价值乘以 10%，得到总的经济损失为 14.72 亿元。综上，总效益为 20.33 亿元。由于场地的搬迁要比效益的获得早若干年，按照 5%的资本化率，总效益为 14.45 亿元。

该项目的总成本为 1.84 亿元，总效益为 14.45 亿元，其中直接效益约为总效益的 27%。从社会福利的角度来看，企业搬迁在经济上是可行的。但是，如果没有政府和公众的干预，工厂可能不会搬迁，因为直接效益占比小，且企业难以负担相关费用。

参 考 文 献

魏权龄. 2004. 数据包络分析. 北京：科学出版社.

朱乔，陈遥. 1994. 数据包络分析的灵敏度研究及其应用. 系统工程学报，6：46-54.

Banker R D，Charnes A，Cooper W. 1984. Some models for estimating technical and scale inefficiency in data envelopment analysis. Management Science，30：1078-1092.

Charnes A，Cooper W，Rhodes E. 1978. Measuring the efficiency of decision-making units. European Journal of Operational Research，2：429-444.

Farrel J M. 1957. The measurement of productive efficiency. Journal of Royal Statistic，120（3）：253-290.

Sueyoshi T，Goto M. 2012. DEA radial measurement for environmental assessment and planning：desirable procedures to evaluate fossil fuel power plants. Energy Policy，41：422-432.

Sueyoshi T，Goto M. 2014. Environmental assessment for corporate sustainability by resource utilization and technology innovation：DEA radial measurement on Japanese industrial sectors. Energy Economics，46：295-307.

第7章　环境损害评估的不确定性分析

7.1　环境损害评估中的随机不确定性

环境损害评估是指按照鉴定评估机构规定的程序和方法，综合运用科学技术和专业知识，评估污染环境或破坏生态行为所致环境损害的范围和程度，判定污染环境或破坏生态行为与环境损害间的因果关系，确定生态环境恢复至基线状态并补偿期间损害的恢复措施，量化环境损害数额的过程。环境损害评估包括生态环境基线的确定、生态环境损害的确认、污染环境或破坏生态行为与生态环境损害间的因果关系判定、生态环境损害修复或恢复目标的确定、生态环境损害评估方法的选择、环境修复或生态恢复方案的筛选、环境修复或生态恢复费用的评估等内容，各方面都存在着许多随机因素带来的不确定性问题（刘毅等，2002；邢可霞和郭怀成，2006）。

7.1.1　生态环境基线水平的不确定性

在计算生态环境基线水平状态和生态环境损害状态时，在空间维度上会进行以下检测。综合利用现场调查、环境监测、生物监测、模型预测或遥感分析（如航拍照片、卫星影像等）等方法初步确定人身损害、财产损害或生态环境损害的可能范围，在此基础上开展环境损害确认和因果关系判定，最终确定人身损害、财产损害、生态环境损害与应急处置费用及其他事务性费用鉴定评估的空间范围（於方等，2012）。

在空间维度上导致损害评估不确定性的因素包括以下几类（Webster et al.，2003；Lees et al.，2016；Spadaro and Rabl，2008）。

（1）活动引起的不确定性：人口变迁、经济发展、社会发展等活动引起的不确定性，事实证明这种不确定性变化只会随着人类社会的发展进一步加剧。

（2）自然现象引起的不确定性：水温、地理、气温、降水量、风速、风向、日照辐射等自然现象的不确定性，特别是一些自然灾害现象的不确定性，如地震、飓风、暴雨、洪水等自然现象。

（3）人类认识客观世界的局限性、技术手段、时间限制及可搜集资料的有限性。

由于对现象的认识的有限性和模糊性，我们对于一些环境损害情况理解很模糊，乃至有时候完全意识不到某一种现象对环境的损害，对于重要的环境损害现象推测不出来明确的因果关系，我们所设计的模型不符合实际情况或者不具有代表性，模型的假设不具有有效性，参数估计不一致或者无效，等等。

例如，在评价某一个工厂向某一个河流排放污水是否导致该河流水质超标的问题时，尽管评价工作者通过一定的水质模型预测不利条件确实会发生超标事件，但是超标事件是否会发生却不一定。实质上该河流上游来的水质、河流中水的流量、降雨量在不同时间段上都是在变化的，不确定性分为以下三类。

（1）物理现象不确定性：具体表现为当我们调查生态环境基线水平时不同的调查对象会表现出不同的物理特性。

（2）统计不确定性：在统计生态环境基线水平状态时由于我们能搜集到的信息有限，而且受到技术和时间限制，统计出来的基线状态难以推测当时真正的环境状态。

（3）建模不确定性：在统计生态环境基线状态时需要对所得到的样本进行建模，建模过程中对某些抽象的环境生态现象进行量化，对某些具体现象进行抽象化处理，对某些现象进行假设，在假设过程中可能会忽略某些因素。

综上所述，物理现象不确定性、统计不确定性和建模不确定性都会带来不确定性。

总之，影响生态环境基线状态的因素很多，而且是客观存在的。在评估过程中由不确定性问题导致的风险也是显而易见的。问题的关键是怎么样去认识和把握这种现象；正确地认识不确定性的存在并且通过各种办法去减少这种不确定性是非常重要的。

在时间维度上，环境损害鉴定评估的时间范围因损害类型不同而存在差异。人身损害鉴定评估的时间范围以污染环境行为发生日期为起点，持续至污染环境行为导致人身损害的可能的最大潜伏期。财产损害鉴定评估的时间范围根据损害对象、损害性质和赔偿方式等具体情况确定。生态环境损害评估的时间范围以污染环境或破坏生态行为发生日期为起点，持续到受损生态环境及其生态系统服务恢复至生态环境基线。

生态环境基线状态在时间维度上主要有以下几个随机性。

（1）估算在某一个时间点上的生态环境基线状态时，我们只能通过搜集历史数据、文献资料、往年统计的历史资料或者通过实地采访得到一些具有参考意义的资料，因为这些数据都是在之前某一个事件点上搜集的，所以很难准确地代表现在的生态环境基线水平。随着时间推移，生态环境会变化，估算生态环境基线过程中可能还会发生自然灾害、人为破坏、施工等对生态环境有破坏性或改变生态环境现状的事件。

（2）由于生态环境具有自然恢复功能和人为的生态保护或恢复工程，生态环境可能会得到改善。因此，根据某一个生态环境损害事件很难找出一个合理的生态环境基线状态，而且很难分离出某一个生态环境损害事件对生态环境基线状态的影响因子和影响程度。

（3）由于生态环境在变化，以往设计的模型和标准不一定适合现在的生态环境状况，新的时间点上新的生态环境现象会有不同的表现形式和影响程度。这种现象可能会在数据搜集、模型设计上有不同的要求。因此，在时间维度上，数据搜集和模型设计跟不上生态环境变化的速度。

7.1.2　生态环境损害状态的不确定性

生态环境受到损害时，通过下列几种方法来估计这种损害对生态环境的影响。

1. 人身伤害

人身损害赔偿数额按《最高人民法院关于审理人身损害赔偿案件适用法律若干问题的解释》计算；精神损害抚慰金按《最高人民法院关于确定民事侵权精神损害赔偿责任若干问题的解释》计算。

2. 财产损害

固定资产损害指因污染环境或破坏生态行为造成固定资产损毁或价值减少带来的损失，采用修复费用法或重置成本法计算。如果完全损毁，采用重置成本法计算；如果部分损毁，采用重置成本法或修复费用法计算。采用重置成本法的固定资产损失的计算见下式。修复费用法按实际发生的固定资产的维修费用进行计算。

财产损害=重置完全价值×（1–年平均折旧率×已使用年限）×损坏率

其中

年平均折旧率 =（1 – 预计净残值率）×100%/折旧年限

重置完全价值是指重新建造或购置全新的固定资产所需的费用；预计净残值率是指固定资产净残值占资产原价值的比例，由专业技术人员或专业资产评估机构进行定价评估，固定资产净残值是指固定资产报废时预计可收回的残余价值扣除预计清理费用后的余额。

流动资产损失指生产经营过程中参与循环周转，不断改变其形态的资产，如原料、材料、燃料、在制品、半成品、成品等的经济损失。流动资产损失按不同流动资产种类分别计算并汇总。

流动资产损失 = 流动资产数量×购置时价格 – 残值

式中，残值指财产损坏后的残存价值，应由专业技术人员或专业资产评估机构进行定价评估。

3. 生态环境损害

生态环境损害评估方法包括替代等值分析方法和环境价值评估方法。

替代等值分析方法包括资源等值分析方法、服务等值分析方法和价值等值分析方法。资源等值分析方法是将环境的损益以资源量为单位来表征，通过建立环境污染或生态破坏所致资源损失的折现量和恢复行动所恢复资源的折现量之间的等量关系来确定生态恢复的规模。资源等值分析方法的常用单位包括鱼或鸟的种群数量、水资源量等。服务等值分析方法是将环境的损益以生态系统服务为单位来表征，通过建立环境污染或生态破坏所致生态系统服务损失的折现量与恢复行动所恢复生态系统服务的折现量之间的等量关系来确定生态恢复的规模。服务等值分析方法的常用单位包括生境面积、服务恢复的百分比等。价值等值分析方法分为价值-价值法和价值-成本法。价值-价值法是将恢复行动所产生的环境价值折现与受损环境的价值折现建立等量关系，此方法需要将恢复行动所产生的效益与受损环境的价值进行货币化。衡量恢复行动所产生的效益与受损环境的价值需要采用环境价值评估方法。价值-成本法首先估算受损环境的货币价值，进而确定恢复行动的最优规模，恢复行动的总预算为受损环境的货币价值量。

生态环境损害状态同样具有时间和空间上的不确定性。但是生态环境损害状态的随机性略有不同。生态环境损害状态在空间上具有损害状态的不确定性、环境损害影响的不确定性。

（1）损害状态的不确定性。我们很难估测环境损害到底多大，未来会怎么变化，从哪些方面和哪些方向对人类、社会经济、生态环境带来不可预测的影响。例如，发生地震时我们无法立刻预测地震带来的损失，地震可能会引发其他的自然灾害，如海啸、山体滑坡等。这种环境损害状态有时极不稳定，各种自然灾害之间可能会发生作用而产生新的灾害。

（2）环境损害影响的不确定性。有些环境损害状态刚开始发生时影响很大，但是有的环境损害会随着时间推移进一步加剧。有的环境损害可能会永久持续，而有的则会随着时间推移或者人工修复慢慢恢复到基线水平或者接近基线水平。图 7.1 为环境损害恢复过程，从图中可以直观地了解这种环境损害影响的不确定性。

在不能完全确认生态环境基线的情况下，我们便不能确认生态环境损害发生了多少。为了明确得知生态环境损害情况，需要对损害情况进行量化。损害确认时详细阐明本次环境损害鉴定评估中确定环境损害时所依据的标准或条件，以及确认环境损害所采用的技术方法。详细介绍环境损害确认过程所依据的基础信息、现场勘察、监测分析、实验模拟、数值模拟等过程和结果。写明环境损害确认的结果，即是否存在环境损害、存在哪种类型的损害、损害的时空范围及程度。

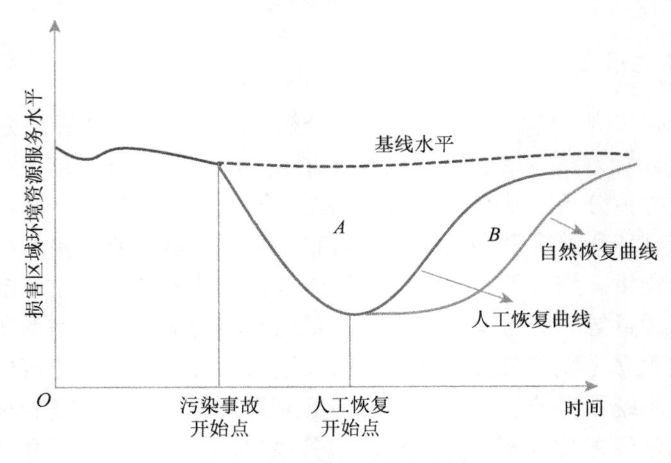

图 7.1　环境损害恢复过程

损害确认之后需要找出因果关系，即详细阐明本次环境损害鉴定评估中判定环境污染或生态破坏行为与环境损害间因果关系所依据的标准或条件，以及判定因果关系所采用的技术方法。详细介绍因果关系判定过程中所依据的证据（书证、物证、视听资料、证人证言、当事人陈述、鉴定结论、勘验笔录等）、现场勘查、监测分析、实验模拟、数值模拟等过程和结果。写明因果关系判定的结果，即环境污染或生态破坏行为与环境损害间是否存在因果关系及其存在的不确定性。

确认后的损害需要进一步量化，量化的目的是找出损害程度并根据结果采用补救型措施。损害量化是指详细阐明本次环境损害鉴定评估中环境损害量化所依据的标准、规范和评估方法。详细介绍环境损害量化所依据的证据，如人身损害量化依据的住院记录、药品单据、人员误工费证明等。明确界定环境损害量化的范围，即包括哪些类型的损害及每种类型损害量化的构成。对于生态环境损害量化，如采用基于恢复目标的生态环境损害评估方法，应详细阐述生态环境损害量化所依据的恢复或修复方案的筛选、确定和恢复或修复措施，写明环境损害量化的结果，即环境损害责任方应赔偿的数额或应开展的恢复或修复工程量与预算。

以上环境损害确认、因果关系、损害度量方面都存在不确定性。损害确认是显性的，我们可以通过相关工具确认它，但是有些隐形的损害我们无法用普通的办法辨别出来，有些损害是通过一段时间以后才会显现出来。例如，某一化工厂排放的污水可能会导致河流污染、鱼类死亡，可以当时就确认这个损害与工厂排放污水有关；在河流下游有农田，污水进入农田以后通过农作物进入人体，长时间食用污水浇灌的农作物食物以后可能会导致人患癌症，患癌症是漫长的过程，这时我们无法确认污水对人体造成的影响。因果关系同样如此。由于测量方法、数据搜集、模型建造等因素，环境损害度量存在很大的不确定性。

7.1.3　生态系统服务价值的不确定性

生态系统服务价值是指人类直接或间接从生态系统得到的利益，主要包括向经济社会系统输入有用物质和能量、接受和转化来自经济社会系统的废弃物，以及直接向人类社会成员提供服务（如人们普遍享用洁净空气、水等舒适性资源）。

生态系统服务价值有以下四个属性。

（1）外部经济效益。生命支持系统功能属于外部经济效益，目前国内外的理论和实践证明，生态系统服务的价值主要表现在其作为生命支持系统的外部经济价值上，而不是表现在作为生产的内部经济价值上。外部经济价值能影响市场经济对资源的合理分配。市场经济的最重要功能之一是资源的最佳分配，市场经济充分发挥资源最佳分配功能的前提是要有完全竞争的市场，但完全竞争的市场除了受垄断和社会制度影响外，外部经济效果对它影响也很大。完善市场经济结构、实现资源最佳分配的有效方法之一是先对外部经济效果进行评价，然后把外部经济内部化。作为外部经济的生命支持系统功能关系到国家资源的最佳分配，因此有必要对生态系统的外部经济效果进行经济评价，实现外部经济内部化。

（2）属于公共商品。不通过市场经济机构即市场交换用以满足公共需求的产品或服务称为公共商品（public goods）。公共商品有两大特点：一是非涉他性，即一个人消费该商品时不影响另一个人的消费；二是非排他性，即没有理由排除一些人消费这些商品，如新鲜的空气、无污染的水源。生态系统在许多方面为公众提供了至关重要的生命支持系统服务，如涵养水源、保护土壤、提供游憩、防风固沙、净化大气和保护野生生物等。因此，生态系统的生命支持系统服务是一种重要的公共商品。

（3）不属于市场行为。私有商品都可以在市场中交换，并有市场价格和市场价值，但公共商品没有市场交换，也没有市场价格和市场价值，因为消费者都不愿意一个人支付公共商品的费用而让他人都来消费。西方经济学中把这种现象称为“灯塔效应”和“免费搭车”。生态系统提供的生命支持系统服务，如涵养水源、提供氧气、固定二氧化碳、吸收污染物质、净化大气等都属于公共商品，没有进入市场，因而生命支持系统服务不属于市场行为，这给公共商品的估价带来了很大的困难。

（4）属于社会资本。生态系统提供的生命支持系统服务有益于整个区域，甚至有益于全球全人类，绝不是对于某个私人而言，如森林生态系统的水源涵养功能对整个区域有利，森林生态系统的固碳作用能抑制全球温室效应。因此，生命支持系统被视为社会资本。

生态系统价值通过以下理论进行评估。自然资源的生态价值是自然资源总价值的一部分。自然资源的价值构成如下：

总经济价值（TEV）= 使用价值（UV）+ 非使用价值（NUV）
= [直接使用价值（DUV）+ 间接使用价值（IUV）+ 选择价值（OPV）] + 存在价值（EXV）

总货币价值（TMV）= 选择价值（OPV）+ 用户经济价值（UEV）+ 环境经济价值（EEV）

由于生态系统服务是公共产品，没有价格竞争，很容易会出现“免费搭车”现象。

图 7.2 说明，如果无人付费，它仍然以特定的数量供给，如水资源或者森林提供的收益。没有供应商能在特定期内调整服务价值的高低。需求曲线以前从未被考虑，因为起初人们认为生态系统服务是免费的。如果纵向供给曲线向左移动到一个较低的数量（即通过科学监控使环境服务减少），需求曲线就会凸显出来，因为有些人愿意支付一定的价格。如果必不可少的生态系统服务接近零（如饮用水），那么人们愿意为之付出的价格就趋于无限大。

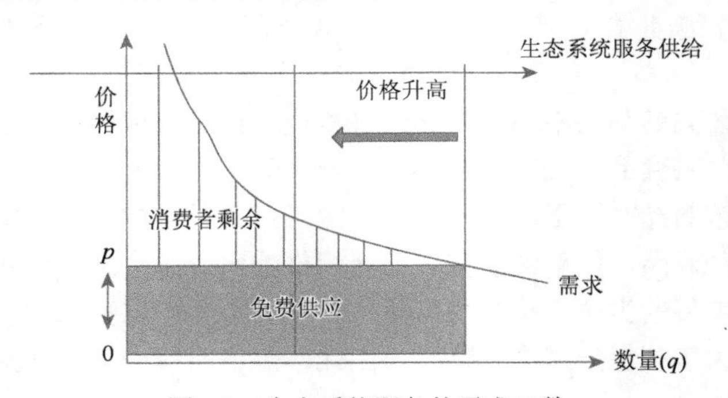

图 7.2　生态系统服务的需求函数

假设一片高原地区有一条冰川融溪，年均流量为 100L/s。溪流经过的第一个村庄每天用水 1000L，溪流下游的村庄每天用水 100 000L。此种情况下消耗的水资源可以忽略不计，所以是免费的。当供给量超过 800 万 L/d，而需求量远小于供给量时，没有人会用供给需求曲线来描述自然生态系统。在近几十年里，随着人类对生态系统服务的威胁更加显著，水流量可能会减少并且如果将水质划分成不同水平，可饮用水的供给量会显著减少。如图 7.2 所示，随着水的供给曲线左移，供给量减少到 400 万 L/d。需求量也会随着人口的增长、人类活动强度的增强而增加。以前被认为免费的生态系统服务现在能够被量化，并且能够进行定价。

怎样定价生态价值存在很多争议，估算方法也很多。所以计算生态系统服务价值时存在很多不确定性。主要表现在以下几个方面。

（1）估算生态系统价值的数据来源都比较早，尺度也较大，不能精确计算生态系统服务价值的真实情况，由于生态价值核算体系和技术不完备，只能粗略计算生态价值。

（2）评估过程中存在很多不确定因素，生态系统价值的选择很大程度上受人的偏好、知识水平、相关制度、价值观的局限和影响。例如，意愿调查法中根据人们对生态系统服务功能的补偿意愿进行估价，而被调查者对生态系统服务的认识未必符合客观公正的原则，从而导致调查结果偏离实际。另外，对生态系统功能的货币化评价是基于市场价格原则，由于市场发育不良无法准确估算生态系统服务价值的价格。

（3）对生态系统服务价值的货币化衡量不是越大越好。例如，农田生态系统服务高转化率是以生态系统退化为代价的，评价的目的是既要保持生态系统的平衡性，又要保持经济发展。

综上所述，由于生态系统价值属于外部经济效益、公共商品、社会资本，不属于市场行为，而且还要受到生态系统服务价值估算时的技术、资料使用模型上的限制和人们价值观、相关政策的影响，我们很难找出一个人们的补偿意愿和生态系统服务价值的平衡点。

7.2 蒙特卡罗模拟

有些不确定性是能通过语言描述的或计算出来的。例如，某一事件的发生是随机的，但是可以通过特定的方法计算其发生的概率或影响程度。而有些不确定性是因为人们的认知能力和技术水平有限，对现象本身不是特别了解。例如，为了检验某一个药物对人体健康的影响，首先用动物做实验，然后通过制定安全因子对人进行推广，在这种情况下我们事先很难预料药物对人体带来什么影响。不确定因素在空间和时间维度上都会对评估结果产生影响。

蒙特卡罗方法或者蒙特卡罗实验，是一类计算算法的总称，依靠重复的随机抽样来获得数值结果，蒙特卡罗方法的基本思想是使用随机性来解决原则上可能是确定性的问题，通常用于一些常规方法无法解决的物理和数学问题（胡宝清，2004；李士勇，2004）。蒙特卡罗方法主要用于三个不同的问题类型：优化、数值积分和绘制概率分布。

7.2.1 方法形成

20 世纪 40 年代，曼哈顿计划的成员，冯•诺伊曼、斯塔尼斯拉夫•乌拉姆和尼古拉斯·梅特罗波利斯率先提出了蒙特卡罗方法，当时正处于第二次世界大战，主要是用于核武器的研发和制作，蒙特卡罗方法以概率统计为理论指导，源于一个简单的随机数发生器——轮盘赌，并且乌拉姆的叔叔嗜好赌博且经常在蒙特卡罗赌场输钱，此方法便以摩纳哥的驰名世界的赌城——蒙特卡罗来命名，蒙特卡罗方法的系统开发由此开始。

单纯从方法上来讲，蒙特卡罗方法的出现时间要早于 20 世纪 40 年代，如 19 世纪著名的布丰投针估计圆周率实验，他们随意地投掷一根针到一个带有平行直线的板尺上，通过观测针和平行线的交点来推断圆周率的值。蒙特卡罗方法的内涵很广，几乎包括任何一种用于求解定量问题近似解的统计抽样技术。统计抽样技术并不是乌拉姆提出的，统计抽样技术很早之前就被用来分析物理过程中的定量问题，乌拉姆的贡献是识别出新发明电子计算机潜在的自动抽样功能，和冯·诺伊曼、尼古拉斯·梅特罗波利斯一起工作，他开发了用计算机实现的算法，也探索了通过统计抽样将非随机问题转换为随机问题的手段，这项工作将统计抽样方法从一个纯粹的数学方法转换成一种正式的适用于各种各样问题的方法论——蒙特卡罗方法。

通过总结，我们可以发现蒙特卡罗方法的发展经过以下几个阶段。20 世纪 40 年代之前，只通过个别实验提出了蒙特卡罗方法的基本思想，但是没有人系统地总结。20 世纪 40 年代之后一段时间，蒙特卡罗方法被系统地提出，并且应用于核聚变的研究。然而，只有随着计算机技术的快速发展才得到越来越广泛的应用，特别是进入 20 世纪末，电子计算机的高速发展极大地推动了方法的实现、发展甚至改进，同时各种各样的蒙特卡罗方法如雨后春笋，层出不穷，这是因为现代计算机有能力在更快、更有效率的情况下执行数以百万计的模拟。这也是蒙特卡罗模拟能迅速提供近似解且保证更高层次的准确性的一个重要因素，因为它意味着技术可以提供更多次的模拟，当然所得到的近似解也就更精确。

7.2.2 蒙特卡罗方法的基本机制

随机模拟方法是借助计算机做统计抽样性实验的一种手段，蒙特卡罗方法是被广泛应用的一种随机模拟方法。运用蒙特卡罗方法，解决计算各大学科、实际生活方方面面的问题，首先需要结合问题自身的实际物理性质，构造与实际问题相吻合的统计实验概率模型，对模型做适当调整，并求解这个概率模型的参数解，也就是我们所需研究的方向值。蒙特卡罗方法处理实际的技术疑问时一般可归为两大类：确定性问题和不确定性问题。其具体解题步骤如下。

（1）构造或描述概率过程。根据提出的问题构造一个简单、方便使用的概率模型或随机模型，如果问题本身就具有随机的特性，要正确地描述和模拟这一概率过程；而对于本来不是随机性质的问题，把握实际物体的物理过程和几何性质，要用此法求解，就要人为构造一个概率过程，而且使所需求的解与构建的模型中参数的一些统计值（如概率、均值或方差等）保持一致，所构造模型的主要特征参量也要与实际问题或系统相一致。

（2）从已知分布的母体中抽样。根据模型中各个随机变量的分布，考虑采用何种方法适当地从已知分布的母体中抽样，在计算机模拟中生成充分的随机数，由于各种概率模型都可以看作由有关随机变量的概率分布构成，一般手段是先生成服从均匀分布的随机数，之后依据实际案例生成服从某一特定分布的随机数，才能继续进行随机模拟实验；在具体解题过程中，根据问题的实际物理性质，选择合适的方法进行抽样也是相当重要的。

（3）估计量的确定。根据所建立的模型进行仿真模拟，当实现了模拟后，就要确定一个随机变量，大量重复实验，计算、求出问题的随机解，也就是所需解决的问题估计值，统计分析模拟实验的结果，给出问题的概率解及解的精度，若这个随机变量的期望值就是所求问题的解，则称此估计量为无偏估计量。某些特殊情况下，为了缩短时间、提高工作效率，我们需要针对模型做必要的调整，如减小方差和减少实验费用。

7.2.3　蒙特卡罗方法的特点

与一般的数学计算方法相比较，蒙特卡罗方法具有非常独特的优势。

（1）蒙特卡罗方法直观易懂。采用蒙特卡罗方法解析问题是结合问题本身的实际物理特性构建概率模型进行物理实验的一个过程，具备可以生动地描述事物的随机性的特点。换一种说法就是，在某种程度上，在某些特定的情况下，结合问题的实际物理性质，我们可以通过蒙特卡罗方法构建与原实验相适应的模型，从而获取物理实验不可想象的收获，甚至也可以解决数学公式无法解决的问题。在处理实际问题时，蒙特卡罗方法着手于问题的本身，无须构建数值方程或复杂的数学表达式，而是直接建立模型，这就保证了其直观形象、简单易行的特点。例如，经过多次反复的随机性实验求解复杂的积分问题，简单易懂且方便省时，省略了大量的复杂计算。

（2）受几何条件限制小。蒙特卡罗方法广泛的适应性是不容小觑的，最明显的特征就是在解决问题时，条件限制的影响微乎其微，如在计算任意维度空间中的任一区域上的多重积分时，不管是多么不同寻常的积分区域的形状，只要给出了积分面积条件的一些几何特质，就可以采用蒙特卡罗方法通过计算机在积分区域内产生大量服从均匀分布的点，然后分析计算实验结果就可以得到积分的近似值。当积分区域十分不规则或者较为复杂，采用数值计算方法甚至难以计算时，蒙特卡罗方法就显得尤为突出。而且，在处理某些较为繁乱、不适宜建立方程或者使用通常的数值方法很难计算的随机性问题时，使用蒙特卡罗方法进行模拟计算，问题的关键环节即刻迎刃而解。

（3）概率收敛与问题维数无关。根据前面误差的有关介绍可知，当置信水平保持不变时，蒙特卡罗方法的收敛速度为$O\left(\frac{1}{\sqrt{N}}\right)$，与问题自身维数的大小并无关系。维数的改变，仅可能造成抽样时间和估计量计算时间的增加，对误差毫无影响。换句话说，采用蒙特卡罗方法实验时，抽样的数量N和维数S并无关联，维数变大，并不改变问题原有的误差，只会引起计算量的变大，基于这个优势，在解决高维问题时，相比通常的数值计算方法，蒙特卡罗方法就显得更可取和适用，而且，就一般数值计算方法而言，计算时间随维数的幂次方而增加，计算结果和真实值之间的误差也很难计算，然而根据蒙特卡罗方法的误差公式，误差可用随机变量的标准差或方差来度量，所以与此同时，在整个求解计算过程中就能够把误差求解出来，即使对于很复杂的计算问题，也是很容易确定的，而且不存在有效位数损失的问题。

（4）可同时处理类似问题。针对有些问题，有时需要求解许多方案，如果采用常见的方法逐个求解，就会显得很复杂烦琐，但如果采用蒙特卡罗方法，能够同时求解全部的方案，而且求解单个方案的量和同时求解所有的量相差无几。例如，对于屏蔽层为均匀介质的平均几何，要计算若干种厚度的穿透概率时，只需计算最厚的一种情况，其他厚度的穿透概率在计算最厚的一种情况时稍加处理便可同时得到。同样地，蒙特卡罗方法不仅具备同时处理类似问题的能力，还具备同时求解相似量的解的能力。例如，在物理实验过程中，不同区域的通量等由同一实验便能获得，而不像常规方法那样，需要一步步求解所有的量。

蒙特卡罗方法在20世纪早期就已经被提出，但由于实现困难，没有得到广泛的应用，直到电子科学技术的急剧进步，才得以广泛应用。凭借高新快速的计算机，简单、快速是其方法突出的两大特征，但传统的蒙特卡罗方法，由于自身的一些特性，仍存在一些不足之处。如上所述，蒙特卡罗方法的收敛速度是$O\left(\frac{1}{\sqrt{N}}\right)$，较高精度的近似结果在通常情况下很难获得，与其他方法相比较，在处理较低维数的实际状况时，效果可能不是很好，收敛速度较慢；而且因为蒙特卡罗方法的误差是在一定置信水平下估计的，和常见的计算数值误差不同，误差会随着置信水平的不同而不同，具有随机性，通常为了得到具有一定精确度的近似解，蒙特卡罗方法需要大量的实验，且实验重复率较高，这就增加了很大的计算量，同时降低了计算机的工作效率。

7.2.4 蒙特卡罗方法示例

1. 蒙特卡罗方法计算圆周率

蒙特卡罗方法中最简单的一个示例是用这种方法去估计圆周率的值。设定坐标轴，x 与 y 均为 0~1，服从均匀分布产生的随机数。计算到原点距离小于 1 的点的个数，考虑到随机点落在四分之一圆中的概率与两个图形的面积比有关。正方形的面积为 1，四分之一圆的面积为 $\pi/4$，显然，落在圆中的概率为 $\pi/4$，我们用落在四分之一圆中的点的频率去估计这个概率，然后反推得到圆周率。

R 语言代码如下所示：

```
pinshu<-0
cishu<-2^22
for(i in 1:cishu){
   x<-runif(1);y<-runif(1)
   if(sqrt(x^2+y^2)>1)next
   pinshu=pinshu+1
}
pi<-4*pinshu/cishu
print(paste0('pi is',pi))
```

2. 蒙特卡罗模拟交通堵塞

车辆的运动服从以下规则：不会超过最高限速，也不会低于最低限速，即在车道上必须正向行驶，不能倒行；当目标车前面一段距离内没有车时，目标车会逐渐加速；当目标车前面一段距离内有车，则会逐渐减速使得目标车车速低于前车车速。车的速度会受到一个随机波动的影响。单车道拥堵情况模拟如图 7.3 所示，red car 即为目标车。max speed 为单车道上最快速度，min speed 为单车道上最慢速度。

当选择增大这个随机波动的影响时，可以得到新的关系图，我们可以发现三种车速的波动都会增加，总体的车速降低了（图 7.4）。

通过模拟，我们可以发现，无论是否发生事故，单车道几乎一定发生交通拥堵，并且速度受到的外生冲击越大，越容易产生堵塞。

同理，我们可以选择蒙特卡罗方法进行更为复杂的模拟。例如，单行道改为双行道，引入十字路口，汽车遵守红灯停绿灯行的交通规则，在路口处汽车随机选择直行、左转或者右转，同时遵守上面提到的直行规则。

关闭红绿灯的单车道拥堵情况模拟如图 7.5 所示。

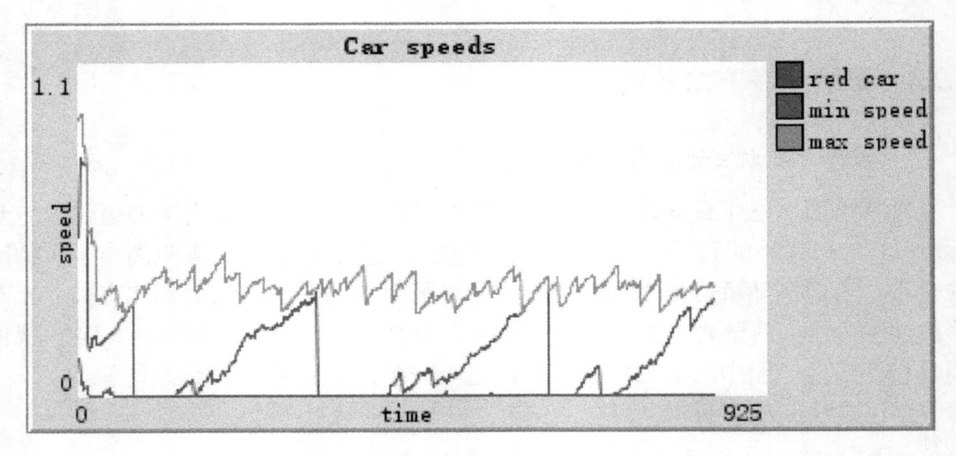

图 7.3　单车道拥堵情况模拟（见书末彩图）

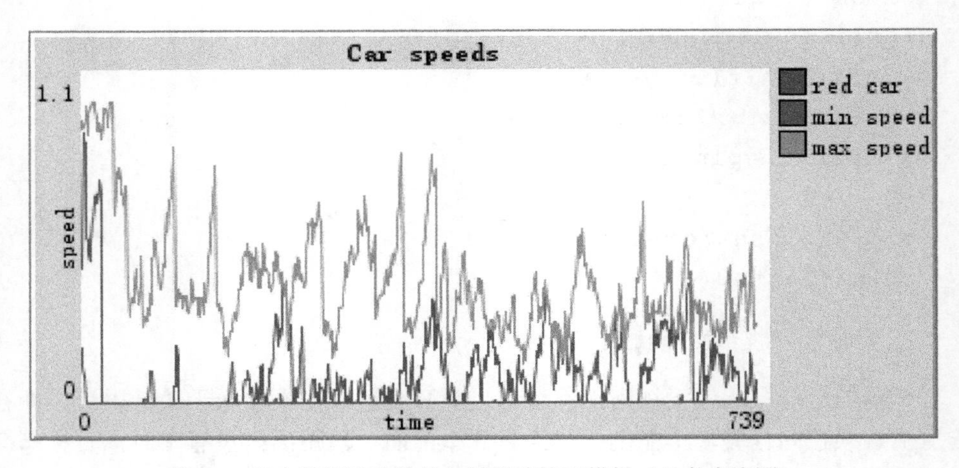

图 7.4　增大随机波动的单车道拥堵情况模拟（见书末彩图）

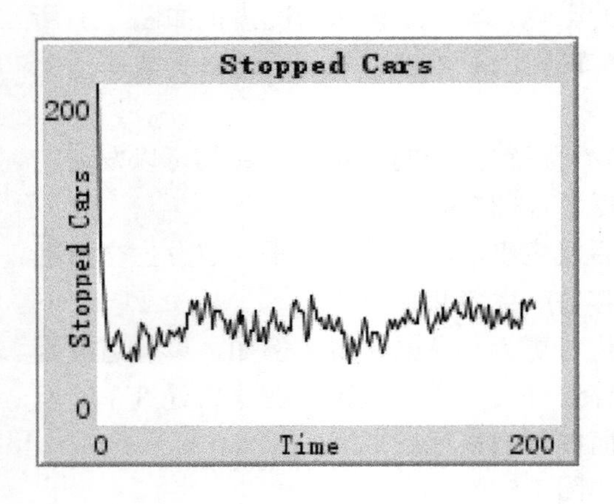

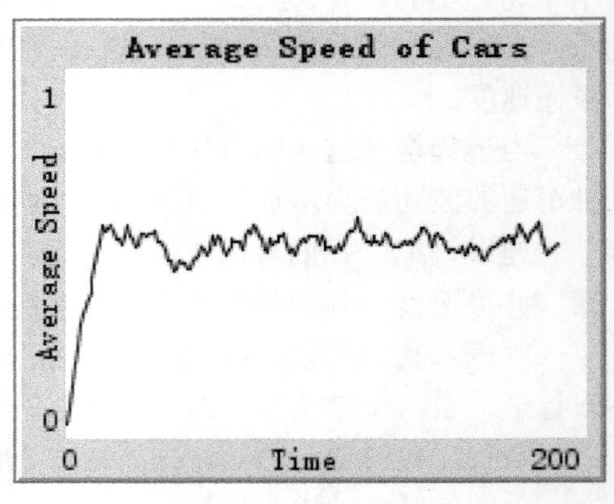

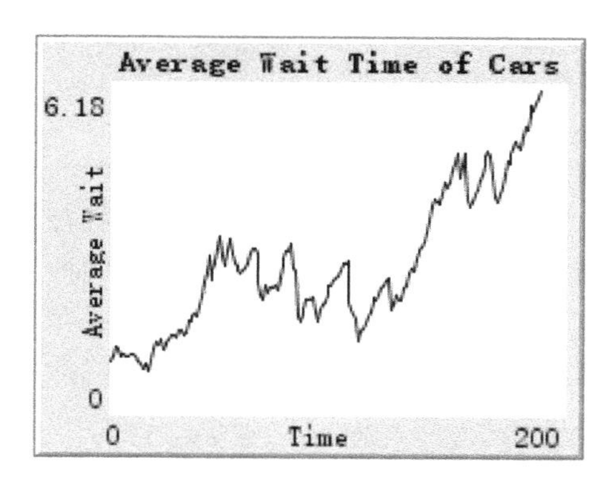

图 7.5　关闭红绿灯的单车道拥堵情况模拟

开启红绿灯的单车道拥堵情况模拟如图 7.6 所示。

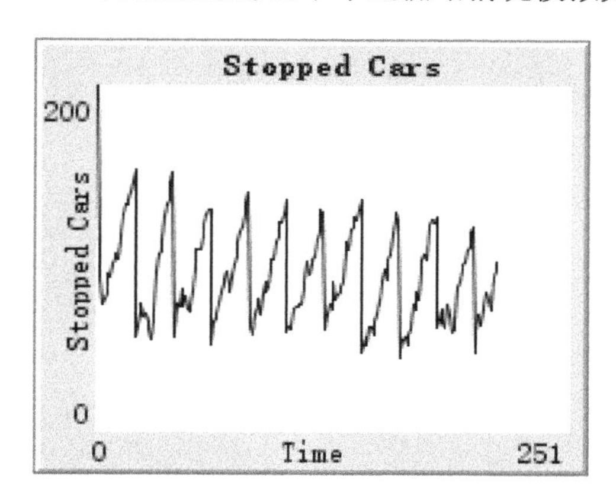

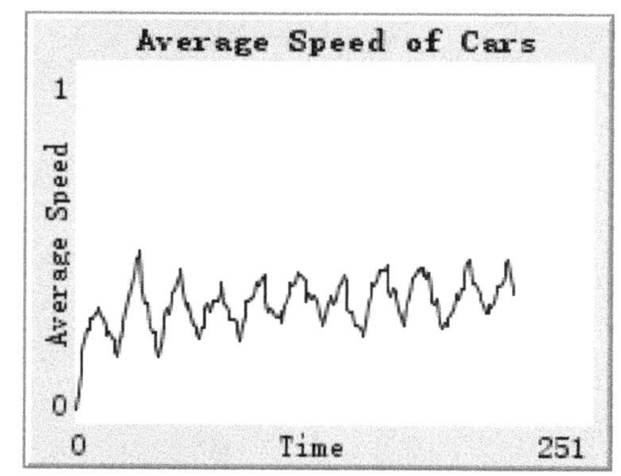

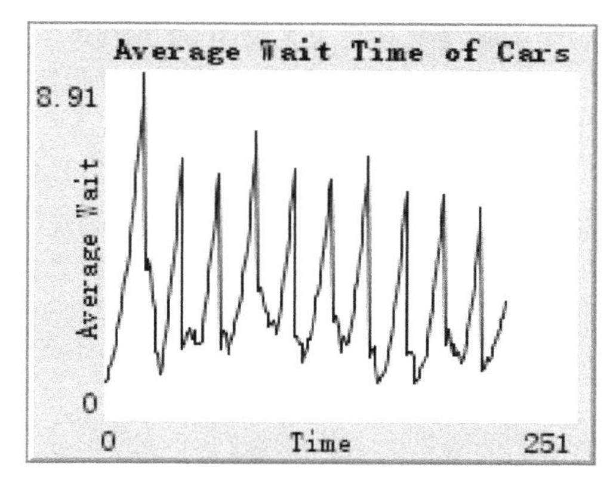

图 7.6　开启红绿灯的单车道拥堵情况模拟

可以发现，在低密度车流下，红绿灯对交通效率的提高不大（这里没有考虑交通事故的影响），但是在开启红绿灯的情况下，各种数据呈现出某种周期性。

3. 生态稳定模型

生态稳定模型或捕食者-猎物生态系统（predator-prey ecosystem）模型也是蒙特卡罗方法用于模拟中的例子，研究生态系统中各种物种数量变化。在下面这个生态系统中，有三个物种，分别是狼、羊、草。三个物种的行为准则如下：狼吃羊，羊吃草；狼与羊在草地上做二维的布朗运动，狼遇到羊时会将羊吃掉；每次随机游走都会消耗一定的能量，狼与羊的生存都需要能量；给定外生的出生率，每一期都会产生后代。

模拟结果如图 7.7 所示。

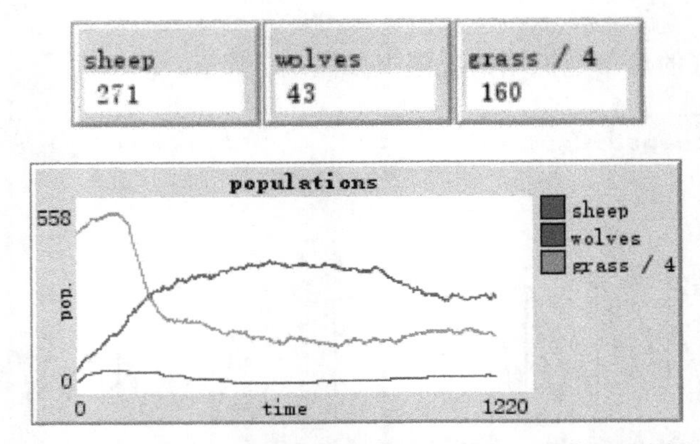

图 7.7　生态系统中各种物种数量变化模拟（见书末彩图）

另外，还可以在同一物种内设置不同类比的个体（基因不同），如体型更大的羊和狼移动单位距离需要的能量越多，它们的子女大概率继承相关特性，小概率产生随机的变异。所以，我们可以通过蒙特卡罗模拟产生同一物种内各种基因的分布，如图 7.8 所示。

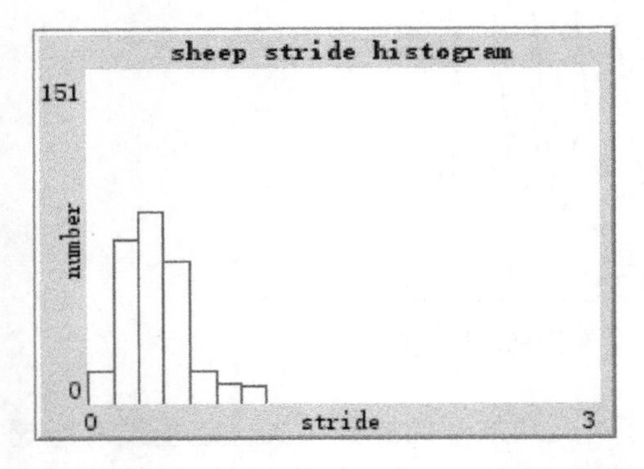

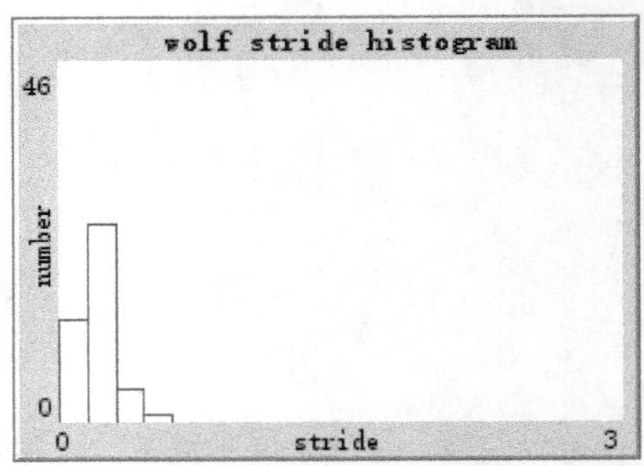

图 7.8　同一物种内各种基因的分布模拟

7.3 模糊理论

环境价值评估正确合理是环境损害补偿的前提条件。环境损害的成因有时较为复杂，环境损害可能由多种因素引起，如水环境污染（冀晓东等，2010；林书聪，2015；王小军和苏养平，1992）。一般地，在存在较为复杂成因的环境损害事件中，对环境损害的评估可引入模糊理论（fuzzy theory）中的一些方法，可根据模糊数学的多因素综合评判方式来确定损害结果。模糊综合评价是对受多种因素影响的事物做出全面评价的一种十分有效的多因素决策方法，其特点是评价结果不是绝对地肯定或否定，而是以一个模糊集合表示。在下面的论述中，以水环境污染为例，引入模糊理论的方法，论述在水环境损害评估中如何将复杂成因模糊化分析。分别引入模糊理论中的一些内容分析环境损害评估中的模糊问题、生态环境基线状态的不确定性、生态环境损害状态的不确定性及生态系统服务价值的不确定性。图 7.1 大致描绘了与之相关的生态环境损害后至生态系统服务价值恢复的一系列状态，包括修复曲线。

7.3.1 环境损害评估中的模糊问题

以水环境污染损害为例，引入模糊理论，简要介绍在环境损害评估中经过模糊化的问题。根据《环境损害鉴定评估推荐方法（第Ⅱ版）》定义，环境损害评估是指鉴定评估机构按照规定的程序和方法，综合运用科学技术和专业知识，评估污染环境或破坏生态行为所致环境损害的范围和程度，判定污染环境或破坏生态行为与环境损害间的因果关系，确定生态环境恢复至基线状态并补偿期间损害的恢复措施，量化环境损害数额的过程。因此，可以看出在环境损害评估中，确定合理的基线水平是十分关键的。在水环境污染损害案例中，可将一些影响水环境的因素模糊化。可将八个影响因子模糊化，分别是土壤层中杀虫剂稳定性、杀虫剂使用量、农作物种类、种植季节性因素、耕作物种类、植物修剪种类、灌溉技术及排水系统的存在，然后根据专家意见赋予一定权重。这八个影响因子权重分别为特别重要、非常重要、中等重要、较重要、一般重要、不很重要、很不重要和可忽略。这仅仅是在环境损害评估中的基本模糊化问题，即我们可以在环境损害评估中，将影响环境的一些因素（损害环境的因素）进行模糊化处理（赋予权重，绘制权重函数），通过借助模糊理论合理处理环境损害评估中的一些难以量化的因素，以达到对损害环境的正确合理评估。

1. 生态环境基线确定的模糊问题

生态环境基线状态是指污染环境或破坏生态行为未发生时，受影响区域内人体健康、财产和生态环境及其生态系统服务的状态。当生态环境处于基线状态时，生态环境能够持续地为外界提供有益的服务，同时外界也能够从生态环境中获取无法替代的生态价值，促进人类福利的增长。我国目前还缺少专门针对基线的研究，环境损害鉴定评估所采用的土壤基线尚未建立有效的确定方法。但是，我国前期对土壤背景值和土壤环境标准研究已有一定的积累，这对我国开展土壤基线确定研究有重要的参考作用。在确定生态环境基线时，即使存在一些理论方法及研究数据，有时我们仍然难以正确合理评估生态环境基线水平，即生态环境基线水平存在一定的不确定性，主要体现在以下两个方面。

一方面，生态环境给外界提供的生态系统服务和人类福利存在难以具体量化的问题。我们知道，在确定生态环境基线水平时，需要确定一个具体的数值，包括量和价。量可能是损失的资源或服务的单位数量，如娱乐使用天数（如钓鱼、海滩旅行、划船），或使用该资源或服务的公众所认可的其他某种量度。价是资源或服务的单位经济（货币）价值，是与人类使用损失有关的单位价值（用货币衡量）。在确定量和价时，可能存在一些客观上无法预料的主观上人为造成的偏差，有时甚至很大，因而在评估基线水平中，可能存在量化偏差的问题。

另一方面，我们知道生态环境在一定程度上是动态的环境。例如，季节不同，生态环境提供给外界的资源服务是不尽相同的。可能还有其他的破坏因素干扰、影响生态环境。在这种条件下，评估生态环境基线水平时，不仅要从多元化因素角度去评估，同时也要考虑到时间不同，资源服务也不同的问题。另外，在某些案例中可能存在生态环境累计损害的问题。这种连续损害情况下，如果没有很好的生态环境统计资料，我们可能难以追溯到原始的生态环境基线水平，因为生态环境可能持续地被多方责任主体破坏。

因而，考虑生态环境基线状态的不确定性，在评估生态环境基线的真实状态时，也可以引入模糊理论的概念，从生态环境在基线水平时给外界提供的生态系统服务及人类福利角度出发，将难以量化的因素（如生态系统服务和人类福利）模糊化，利用数学处理方式合理解决生态环境基线状态的不确定性问题。

2. 生态环境损害确定的模糊问题

当生态环境遭受损害时，即生态环境处于损害状态，外界对于生态环境服务的需求得不到满足，甚至产生负效应。在这种情况下，外界无法从生态环境中获得所欠缺的生态系统服务和人类福利。因而，我们需要评估生态环境的损害，向责任方索赔环境修复所需的补偿，以期生态环境达到损害前的水平，如图 7.9 所示。但是，我们在量化这种损害时，也存在很大的不确定性。我们同样也难以合理地量化所损失的诸如生态系统服务和人类福利之类的生态环境给我们提供的生态价值。第 6 章介绍了五种环境价值评估方法及其缺陷，它们各自适用不同的环境损害情况，这为我们评估生态环境损害提供了较为有效合理的评估途径。值得注意的是，这些途径在不同情景的评估中仍然可能存在一定偏差，即生态环境损害状态的不确定性，诸如生态系统服务、人类福利等难以具体体现的问题。

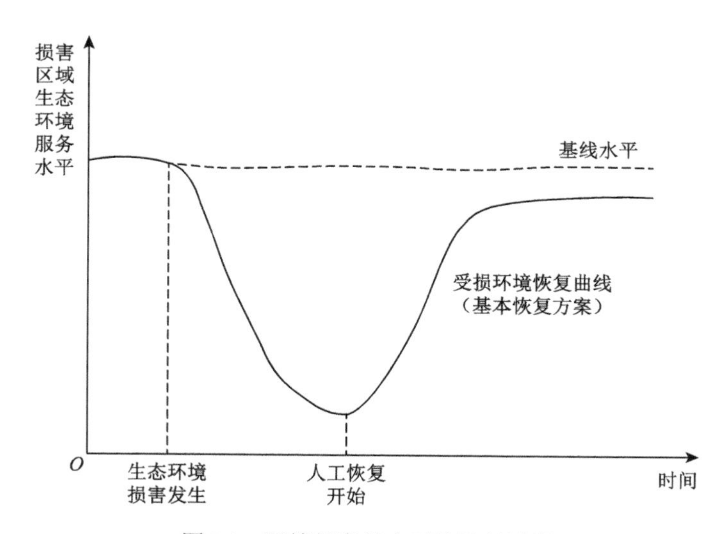

图 7.9　环境损害状态下的恢复过程

因此，在生态环境损害状态下，这种难以具体测度的不确定性值得我们深入思考。同样地，可以引入模糊理论概念，将生态环境在损害状态下的各个系统特征进行模糊化处理，以期合理解决生态环境损害状态下的不确定性问题，达到合理评估的目的。

3. 生态系统服务价值评估的模糊问题

生态系统服务价值的确定是生态环境损害评估的重要内容。通过合理测得生态系统服务价值，可为生态环境修复提供较为可靠的补偿依据。由于存在诸多不可描述的因素，我们可能无法准确测得生态系统服务的真实价值，但是可以利用敏感性分析的原理，运用数学方式测得生态系统服务价值的范围。在该价值范围内，可以论证数值的合理性，为生态环境修复提供依据。

以国外环境损害评估中常见的资源等值分析方法为例，如下式：

$$H=\sum_{t=0}^{n}(R_t \times d_t)\times(1+r)^{(T-t)}$$

式中，H 是损害量，即损失的生态系统服务价值；R_t 是受影响资源或服务单位数量；d_t 是损害程度，指资源或服务的受损程度，用选择的量度衡量。该公式利用未来生态系统服务贴现的原理进行当前生态系统服务的测算。由于该公式中的数据在一定程度上是人为指定的数据，该方法在评估时同样存在较大不确定性，或者我们可以说生态系统服务价值测算存在一定的不确定性。这种不确定性需要我们不断优化，通过测算生态系统服务的价值范围得出这是一种可行的方法。同样地，可以考虑引入模糊理论，将某些参数变量模糊化处理，与之前所测得的价值相比较，谨慎考量其差异性，做出合理的判断决策，最终采用合理的评估方法。

7.3.2 模糊理论简介

模糊理论是指采用模糊集合的基本概念或连续隶属度函数的理论，以模糊集合为基础，其基本思想是接受模糊性现象存在的事实，而以处理概念模糊不确定的事物为其研究目标，并积极地将其量化成计算机可以处理的信息，不主张用繁杂的数学分析模型来解决。它可分为模糊数学、模糊系统、不确定性信息、模糊决策、模糊逻辑与人工智能这五个分支，它们并不是完全独立的，它们之间有紧密的联系。例如，模糊控制就会用到模糊数学和模糊逻辑中的概念。从实际应用的观点来看，模糊理论的应用大部分集中在模糊系统上，尤其集中在模糊控制上。也有一些模糊专家系统应用于医疗诊断和决策支持。

概念是思维的基本形式之一，它反映了客观事物的本质特征。在认识过程中，人类把感觉到的事物的共同特点抽象出来加以概括，这就形成了概念。例如，从白雪、白马、白纸等事物中抽象出“白”。一个概念有它的内涵和外延，内涵是指该概念所反映的事物本质属性的总和，也就是概念的内容；外延是指一个概念所确指的对象的范围。例如，“人”这个概念的内涵是能制造工具，并使用工具进行劳动的动物，外延是古今中外一切的人。

模糊概念是指这个概念的外延具有不确定性，或者说它的外延是不清晰的，是模糊的。例如，“青年”这个概念，它的内涵我们是清楚的，但是它的外延，即什么样的年龄阶段内的人是青年，恐怕就很难说清楚，因为在"年轻"和"不年轻"之间没有一个确定的边界，这就是一个模糊概念。模糊概念需要注意以下几点。

（1）人们在认识模糊性时，是允许有主观性的，也就是说每个人对模糊事物的界限不完全一样，承认一定的主观性是认识模糊性的一个特点。例如，我们让 100 个人说出"年轻人"的年龄范围，那么我们可能得到 100 个不同的答案。尽管如此，当我们用模糊统计的方法进行分析时，"年轻人"的年龄界限分布又具有一定的规律性。

（2）模糊性是精确性的对立面，但不能消极地理解模糊性代表的是落后的生产力，恰恰相反，在处理客观事物时，经常借助于模糊性。例如，在一个有许多人的房间里，找一位"年老的高个子男人"，这是不难办到的。这里所说的"年老""高个子"都是模糊概念，然而只要将这些模糊概念经过头脑的分析判断，很快就可以在人群中找到此人。如果要求用计算机查询，那么就要把所有人的年龄、身高的具体数据输入计算机，才可以从人群中找这样的人。

（3）人们对模糊性的认识往往同随机性混淆起来，其实它们之间有着根本的区别。随机性是其本身具有明确的含义，只是由于发生的条件不充分，在条件与事件之间不能出现确定的因果关系，从而事件的出现与否表现出一种不确定性。而事物的模糊性是指要处理的事物的概念本身就是模糊的，即一个对象是否符合这个概念难以确定，也就是由于概念外延模糊而带来的不确定性。

7.3.3　模糊理论发展

模糊理论是在美国加利福尼亚大学伯克利分校电气工程系的 Zadeh 于 1965 年创立的模糊集合理论的数学基础上发展起来的，主要包括模糊集合理论、模糊逻辑、模糊推理和模糊控制等方面的内容。Zedeh 首次提出表达事物模糊性的重要概念——隶属函数，从而突破了 19 世纪末康托尔的经典集合理论，奠定了模糊理论的基础，由此产生了一个新的数学分支——模糊数学。20 世纪 70 年代初，日本就开始着手模糊技术应用的研究。1989 年，日本创建了国际模糊工程研究所，其模糊技术应用产品的产值超 10 亿日元。

1974 年，英国的 E. H. Mamdani 首次用模糊逻辑和模糊推理实现了世界上第一个实验性的蒸汽机控制，并取得了比传统的直接数字控制算法更好的效果，从而宣告模糊控制的诞生。从此，模糊理论成了一个热门的课题。模糊数学的产生把数学的应用范围从精确拓展到模糊现象领域。因此，模糊理论一经产生就显示了强大的生命力。模糊理论学科本身的发展十分迅速，已建立了很多分支理论，如模糊拓扑、模糊逻辑、模糊测度、模糊群、模糊算术、可能性理论、模糊优化理论等。模糊理论应用从自然科学的多个领域扩展到社会科学的许多领域。

1980 年，丹麦的 L. P. Holmblad 和 Ostergard 采用模糊技术控制水泥窑炉并取得了成功，这是第一个商业化的有实际意义的模糊控制器。1980 年，日本通过使用模糊技术成功控制富士电子水净化工厂，引起了各领域对模糊理论应用的重视。不到十年时间，通过模糊控制技术的广泛应用，日本应用产品占据全球市场的 80%左右，基本上垄断了整个模糊逻辑产品市场。德国 Inform 和 Siemens 两家公司应用模糊理论合作研制了第三代模糊微处理器 Fuzzy-16 芯片，并在汽车等行业中应用模糊控制技术。美国从 20 世纪 80 年代中期就开始应用模糊逻辑控制器控制水泥的生产，近年来模糊神经元器件的产品研发占据模糊逻辑控制产品的主导地位。

国内对模糊理论的研究始于模糊数学 20 世纪 70 年代的传入，随后几年模糊数学在我国飞速发展。1980 年，我国成立了中国模糊数学与模糊系统学会，1987 年创办了《模糊系统与数学》期刊，80 年代中期开始了模糊控制技术的研发。90 年代初，陈永义教授研发的玻璃拉管线模糊逻辑控制器、电冰箱模糊逻辑控制器等产品先后投入运行。四十几年来，我国在模糊逻辑控制的研究应用开发上卓有成效，形成了如北京科技大学、西安交通大学等高校以模糊控制为研究主要对象的高新技术研究开发中心。

7.3.4 模糊理论的基本模型和机制

近十几年来，模糊理论在环境质量评价中的应用与研究得到了飞速发展，且大多集中在对环境质量现状评价方面。主要成果如下。

（1）模糊综合评判法。这是目前在环境质量评价中应用最为广泛的方法。其基本形式是 $B=A\times R$。其中 B 为综合评判结果，表示评价样本对评判分类的隶属度，A 为污染因子的权重向量，一般通过超标倍数归一化得到；R 为各污染因子与评价标准之间的模糊关系矩阵，由定义的隶属函数式确定。模糊综合评判法的模型表达式可简写为 $M(*,*)$，*, *分别表示为模糊广义“与”运算、“或”运算，可取不同算子。较为常用的具体模型有四种：$M(\wedge, \vee)$、$M(\cdot, \vee)$、$M(\cdot, \oplus)$、$M(\wedge, \oplus)$。由于模糊综合评判法形式简单，运算方便，受到环保工作者的偏爱，在有关环境各个要素及区域性环境的质量评价中得到了普遍的应用，如大气质量的评价、水环境（包括江、河、湖、海、水库和地下水等）质量评价等。

（2）模糊理论的发展和模糊理论在环境系统中的应用都是从研究模糊聚类开始的。这种方法首先是根据客观事物间的特征、亲疏程度和相似性，通过建立模糊相似性关系对客观事物进行分类的。大致有两种方法：一是基于模糊等价关系的动态聚类法；二是迭代自组织数据分析技术（interative self-organizing data analysis technique，ISODATA）聚类分析法。

（3）模糊模式识别法。将环境质量标准作为已知模式，评价样本作为未知待识别模式，运用模糊贴进度、模糊度等概念和隶属度最大原则判定环境质量评价样本应属于的类别。

（4）模糊概率法。统计一定时期内污染因子监测值的概率分布规律情况，将监测值转化为隶属度，利用模糊概率理论得到一定时期内各污染因子的统计平均隶属度，再运用模糊综合评判、综合指数等方法进行综合评价。

（5）灰色聚类法。灰色聚类法的评价原理与模糊综合评判法中的加权平均模型是一致的。下面讨论模糊综合评判法的两种基本数学模型。

7.3.5　一级模糊多目标决策的数学模型

设 $U=\{x_1,x_2,\cdots,x_n\}$，$V=\{y_1,y_2,\cdots,y_m\}$ 为两个有限集合，其中 U 为因素集，代表多目标决策的多种因素组成的集合；V 为评语集或评判集，表示多种决策目标构成的集合。一般来讲，因素集中的各因素对被评判事物的影响是不相同的，所以各因素就有各自的重要性分配，被称为权重分配，它是 U 上的一个模糊向量，我们把它记为

$$A=\{a_1,a_2,\cdots,a_n\}\in F(U)$$

式中，a_i 是 U 中第 i 个因素的权重，且满足 $\sum_{i=1}^{n}a_i=1$。

另外，在模糊环境下，m 个评语也并不是绝对肯定或否定。所以，综合决策的结果可看成 V 上的模糊集，我们把它记为

$$B=\{b_1,b_2,\cdots,b_m\}\in F(V)$$

式中，b_j 是在评判目标总体 V 中第 j 种评语所占的地位。

如果 $R=(r_{ij})_{n\times m}$ 是从 U 到 V 的模糊关系矩阵，那么利用 R 就可以得到一个模糊变换 T_R。所以模糊多目标决策的数学模型结构为

因素集　　$U=\{x_1,x_2,\cdots,x_n\}$

评语集　　$V=\{y_1,y_2,\cdots,y_m\}$

构造模糊变换

$$T_R:F(U)\to F(V)$$

$$A\mapsto A\circ R$$

式中，R 是从 U 到 V 的模糊关系矩阵 $R=(r_{ij})_{n\times m}$。

这样，(U, V, R)三元体就构成了一个模糊多目标决策的数学模型。此时，如

果输入一个权重分配 $A=\{a_1,a_2,\cdots,a_n\}\in F(U)$，通过模糊变换 T_R，就可以得到一个综合决策 $B=\{b_1,b_2,\cdots,b_m\}\in F(V)$，即

$$(b_1,b_2,\cdots,b_m)=(a_1,a_2,\cdots,a_n)\circ\begin{bmatrix} r_{11} & \cdots & r_{1m} \\ \vdots & & \vdots \\ r_{n1} & \cdots & r_{nm} \end{bmatrix}$$

利用 Zadeh 算子有

$$b_j=\bigvee_{i=1}^{n}(a_i\wedge r_{ij}),\ j=1,2,\cdots,m$$

若 $b_k=\max\{b_1,b_2,\cdots,b_m\}$，按最大隶属原则，对该事物作出的综合决策为 b_k。以模糊变换 T_R 作为转换器构成的模糊多目标决策系统为

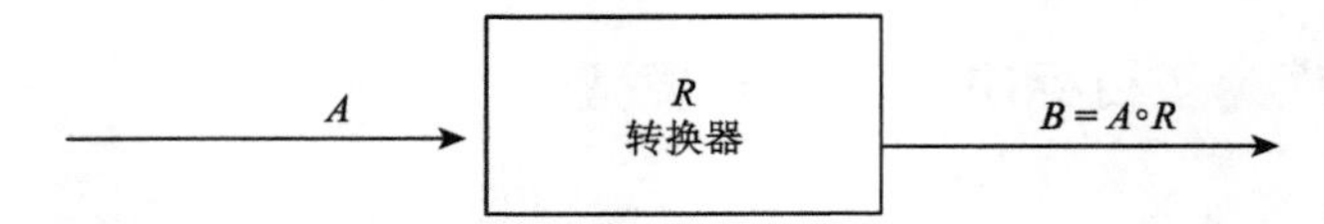

模糊综合评判的核心在于综合了各个因素的结果。众所周知，对由单因素确定的事物作决策是容易的，但事物涉及多个因素时，就需要综合考虑诸多因素对事物的影响，从而做出一个接近实际的决策，避免仅从一个因素作出评判带来的片面性，这是多目标决策的特点。

需要注意的是，人们对事物的综合评判通常有着不同的方式，有时只要求单因素最优（称为主因素），有时突出主因素同时也兼顾其他因素，有时要求总和最大等。这些情况都可以通过不同的运算来实现。

Zadeh 算子($\wedge$, $\vee$)的决策结果主要由数值最大的因素决定，其他因素的数值在一个范围内变化并不影响评价结果。所以，我们称其为主因素决定型算子。

广义算子($\vee$, $\bullet$)和($\oplus$, $\wedge$)被称为主因素突出型算子。它们与 Zadeh 算子接近，区别在于比 Zadeh 算子更精细些，它们得到的决策结果可以在一定程度上反映非主要指标。

广义算子($\oplus$, $\bullet$)被称为加权平均型算子，在评判中体现了整体特性，因为其对所有因素依权重大小均衡兼顾。

仅使用一次模糊变换就得到决策结果，被称为一级模糊多目标决策，一般使用在因素集中元素个数较少的情况下。

7.3.6 多级模糊多目标决策的数学模型

对于复杂的系统，需要考虑很多的因素，这时会出现两方面的问题。一是因素过多，对于它们的权重分配难以确定，即使确定了，每个因素的权值也很小，

于是会出现运算后显现不出有价值的结果的现象；二是因素可能有类别或层次，难以在同一水平上确定权重。例如，在压裂选井选层的问题中，影响因素主要有生产特性 $x_{生}$与物性 $x_{物}$，即因素集 $U=(x_{生}, x_{物})$。而生产特性因素又包含地层压力、油井产量、生产压差、含水率四个子因素，即 $x_{生}$={地层压力，油井产量，生产压差，含水率}。而 $x_{物}$={渗透率，孔隙度，饱和度，有效厚度}，也包含了四个子因素。假如把这两类的八个因素放到一个水平上来考虑显然不妥当，这时就可使用多级模糊多目标决策系统。下面以二级模糊多目标决策为例来说明其详细步骤。

第一步，把因素集$U=\{x_1,x_2,\cdots,x_n\}$ 按某种属性分成 s 个子因素集$u_1,u_2,\cdots,u_s$，其中

$$u_i=\{x_{i1},x_{i2},\cdots,x_{im}\},\ \ i=1,2,\cdots,s$$

且满足

$$n_1+n_2+\cdots+n_s=n$$

$$u_1\cup u_2\cup\cdots\cup u_s=U$$

$$u_i\cap u_j=\varnothing,\ \ i\neq j$$

第二步，对每个子因素集 u_i，分别做一级模糊多目标决策。设评语集$V=\{y_1, y_2,\cdots,y_n\}$，且 u_i 中各因素对于 V 的权重分配为

$$A_i=\{a_{i1},a_{i2},\cdots,a_{im}\}$$

设 R_i 为单因素评判矩阵，则可以得到一级评判向量

$$B_i=A_i\circ R_i=(b_{i1},b_{i2},\cdots,b_{im}),\ \ i=1,2,\cdots,s$$

第三步，将每一个 u_i 看成一个因素，即

$$K=\{u_1,u_2,\cdots,u_s\}$$

这样，K 又可以构成一个因素集，其单因素评判矩阵由一级评判向量组成：

$$R=\begin{bmatrix}B_1\\B_2\\\vdots\\B_s\end{bmatrix}\begin{bmatrix}b_{11}&b_{12}&\cdots&b_{1m}\\b_{21}&b_{22}&\cdots&b_{2m}\\\vdots&\vdots&&\vdots\\b_{s1}&b_{s2}&\cdots&b_{sm}\end{bmatrix}$$

每个 u_i 作为 U 的一部分，反映着 U 的某种属性，可按它们的重要性给出权重分配：

$$A=(a_1,a_2,\cdots,a_s)$$

于是得到二级模糊多目标决策：

$$B=A\circ R=(b_1,b_2,\cdots,b_m)$$

假如每个子因素 $u_i(i=1,2,\cdots,s)$ 还含有不同层次或不同类型的子因素，可将 u_i 继续进行划分，类似于二级决策过程可得到三级决策模型，甚至四级决策模型、五级决策模型等。

7.3.7　模糊理论方法应用示例

通过对以上模型的研究，类推出一个新的带有突出影响因子的非线性模糊综合评价模型。它的形式为 $f(a_1,a_2,\cdots,a_n;x_1,x_2,\cdots,x_n;\Delta)=(\lambda_1 x_1^{a1}+\lambda_2 x_2^{a2}+\cdots+\lambda_n x_n^{an})^{1/\lambda}$。下面基于类推出的公式进行应用实例研究。

假设对某水域的水质进行评价时，综合考虑七种指标，即溶解氧（dissolved oxygen，DO）、化学需氧量（chemical oxygen demand，COD）、生化需氧量（biochemical oxygen demand，BOD_5）、汞、镉、铬（六价）及挥发酚，实验因素论域为

$$U=\{\text{DO, COD, BOD}_5,\text{汞, 镉, 铬（六价）, 挥发酚}\}$$

以上几项指标中，汞、镉、铬（六价）及挥发酚属剧毒物质，对水质的影响较大。该被评水域七个指标的浓度如下：DO 为 60%，COD 为 15mg/L，BOD_5 为 2mg/L，汞为 0.000 07mg/L，镉为 0.003mg/L，铬（六价）为 0.09mg/L，挥发酚为 0.003mg/L。

根据自 2002 年 6 月 1 日起开始实施的《地面水环境质量标准》，得到对水质产生影响的几个指标的等级变化范围，具体如表 7.1 所示。

表 7.1　地面水环境质量标准

指标	1 类	2 类	3 类	4 类	5 类
DO/%	90	60	50	30	20
COD/(mg/L)	15	15	20	30	40
BOD_5/(mg/L)	3	3	4	5	6
汞/(mg/L)	0.000 05	0.000 05	0.000 1	0.001	0.001
镉/(mg/L)	0.001	0.005	0.005	0.005	0.01
铬（六价）/(mg/L)	0.01	0.05	0.05	0.05	0.1
挥发酚/(mg/L)	0.002	0.002	0.005	0.01	0.1

该评论实例的模糊关系矩阵为

$$R=\begin{pmatrix} 0 & 1 & 0 & 0 & 0 \\ 1 & 1 & 0 & 0 & 0 \\ 1 & 0.67 & 0 & 0 & 0 \\ 0 & 0.6 & 0.4 & 0.4 & 0.4 \\ 0.5 & 0.5 & 0.5 & 0.5 & 0 \\ 0 & 0.2 & 0.2 & 0.2 & 0.8 \\ 0 & 0.67 & 0.33 & 0 & 0 \end{pmatrix}$$

归一化的模糊权向量为

$$A=(0.141, 0.087, 0.187, 0.038, 0.130, 0.389, 0.028)$$

突出影响因子分别是：DO 为 3，COD 为 2，BOD_5 为 1，汞为 9，镉为 6，铬（六价）为 17，挥发酚为 1。

取变换 $r_{ij}^{\mathrm{T}}=2^{r_{ij}}$ 处理原始模糊关系矩阵，得

$$R^{\mathrm{T}}=\begin{bmatrix} 1 & 2 & 1 & 1 & 1 \\ 2 & 2 & 1 & 1 & 1 \\ 2 & 1.59 & 1 & 1 & 1 \\ 1 & 1.52 & 1.32 & 1.32 & 1.32 \\ 1.41 & 1.41 & 1.41 & 1.41 & 1 \\ 1 & 1.15 & 1.15 & 1.15 & 1.74 \\ 1 & 1.59 & 1.26 & 1 & 1 \end{bmatrix}$$

应用类推出的公式对该水域水质的评价结果为

$$B=A\circ R^{\mathrm{T}}=\begin{bmatrix} 1 & 2 & 1 & 1 & 1 \\ 2 & 2 & 1 & 1 & 1 \\ 2 & 1.59 & 1 & 1 & 1 \\ 1 & 1.52 & 1.32 & 1.32 & 1.32 \\ 1.41 & 1.41 & 1.41 & 1.41 & 1 \\ 1 & 1.15 & 1.15 & 1.15 & 1.74 \\ 1 & 1.59 & 1.26 & 1 & 1 \end{bmatrix}$$

$$=(1.241\ 48,1.243\ 97,1.242\ 93,1.242\ 92,1.247\ 94)$$

根据最大隶属原则，该水域的水质为 5 类。

模糊理论可简化系统设计的复杂性，特别适用于非线性、时变、模型不完全的系统；利用控制法则来描述系统变量间的关系；不用数值而用语言式的模糊变量来描述系统，模糊控制器不必对被控制对象建立完整的数学模式。模糊控制器是一种语言控制器，使得操作人员易于使用自然语言进行人机对话。模糊控制器是一种容易控制、掌握的较理想的非线性控制器，具有较佳的适应性、强健性（robustness）、容错性（fault tolerance）。

但模糊控制的设计尚缺乏系统性，这对复杂系统的控制是难以奏效的。所以如何建立一套系统的模糊控制理论，以解决模糊控制的机理、稳定性分析、系统化设计方法等一系列问题。如何获得模糊规则及隶属函数即系统的设计办法，21 世纪初完全凭经验进行，信息简单的模糊处理将导致系统的控制精度降低和动态品质变差。若要提高精度则必然增加量化级数，从而导致规则搜索范围扩大，降低决

策速度，甚至不能实时控制；如何保证模糊控制系统的稳定性即如何解决模糊控制中关于稳定性和鲁棒性的问题。

7.4　敏感性分析

敏感性分析是指从众多不确定性因素中找出对投资项目经济效益指标有重要影响的敏感性因素，并分析、测算其对项目经济效益指标的影响程度和敏感性程度，进而判断项目承受风险能力的一种不确定性分析能力。

敏感性分析是指从定量分析的角度研究有关因素发生某种变化对某一个或一组关键指标影响程度的一种不确定分析技术。其实质是通过逐一改变相关变量数值的方法来解释关键指标受这些因素变动影响大小的规律。在经济学领域中，敏感性因素一般可选择主要参数（如销售收入、经营成本、生产能力、初始投资、寿命期、建设期、达产期等）进行分析。若某参数的小幅度变化能导致经济效果指标的较大变化，则称此参数为敏感性因素，反之则称其为非敏感性因素。

7.4.1　计算步骤

1. 选取不确定因素

进行敏感性分析首先要选定不确定因素并确定其偏离基本情况的程度。

不确定因素是指在项目决策分析与评价过程中涉及的对项目效益有一定影响的基本因素。敏感性分析不用对全部因素都进行分析，而只是对那些影响较大的、重要的不确定因素进行分析。不确定因素的选取通常结合行业和项目特点参考类似项目的经验进行，特别是项目后评价的经验。

可以选取的不确定因素包括建设投资、产出物价格、主要投入物价格、可变成本、运营负荷、建设期及人民币汇率，根据项目的具体情况也可选择其他因素。

2. 确定不确定因素变化程度

敏感性分析通常是针对不确定因素的不利变化进行，为绘制敏感性分析图的需要也可考虑不确定因素的有利变化。习惯上常选取±10%。对于那些不便用百分数表示的因素，如建设期，可采用延长一段时间表示，如延长一年。注意：百分数的取值其实并不重要。因为敏感性分析的目的并不在于考察项目效益在某个具体的百分数变化下发生变化的具体数值，而只是借助它进一步计算敏感性分析指标，即敏感度系数和临界点。

3. 选取分析指标

最基本的分析指标是内部收益率或净现值，根据项目的实际情况也可选择其他评价指标，必要时可同时针对两个或两个以上的指标进行敏感性分析。注意：通常财务分析与评价的敏感性分析中必选的分析指标是项目投资内部收益率；经济分析与评价中必选的分析指标是经济净现值和经济内部收益率。

4. 计算敏感性指标

敏感度系数是项目效益指标变化率与不确定因素变化率之比。计算公式：$E=\Delta A/\Delta F$。在公式中，$E>0$，表示评价指标与不确定因素同方向变化；$E<0$，表示呈反方向变化。$|E|$越大，敏感度系数越高，项目效益对该不确定因素敏感程度越高。

敏感度系数的计算结果可能受到不确定因素变化率取值不同影响而有所变化。但其数值大小并不是计算该项指标的目的，重要的是各不确定因素敏感度系数的相对值，借此了解各不确定因素的相对影响程度，以选出敏感度较大的不确定因素。

临界点是指不确定因素使项目由可行变为不可行的临界数值。表示方式包括变化率和具体数值两项指标方式。变化率：如使内部收益率等于基准收益率或净现值变为零时的变化率。当该不确定因素为费用科目时，为其增加的百分率；当该不确定因素为效益科目时，为其减少的百分率。具体数值：临界点也可用该百分率对应的具体数值表示。

在计算过程中，可以通过敏感性分析图求得临界点的近似值，但由于项目效益指标的变化与不确定因素变化之间不完全是线性关系，有时误差较大，最好采用试算法或函数求解。临界点的高低与设定的基准收益率有关。在一定的基准收益率下，临界点越低，说明该因素对项目效益指标影响越大，项目对该因素就越敏感；基准收益率的数值会影响临界点的高低，对于同一个投资项目，随着设定基准收益率的提高，临界点就会变低。

5. 找出敏感性因素

进行分析和采取措施，提高技术方案的抗风险能力。

7.4.2　敏感性分析的结果

编制敏感性分析表：通过前面敏感性指标的计算应将敏感性分析的结果汇总在敏感性分析表中，敏感性分析表中应同时给出基本方案的指标数值、所考虑的不确定因素及其变化、在这些不确定因素变化的情况下项目效益指标的计算数值及各不确定因素的敏感度系数和临界点。

绘制敏感性分析图：根据敏感性分析表中的数值可以绘制敏感性分析图，横轴为不确定因素变化率，纵轴为项目效益指标。

将敏感度系数及临界点的计算结果进行排序，找出较为敏感的不确定因素。定性分析临界点所表示的不确定因素变化发生的可能性。归纳敏感性分析的结论，指出最敏感的一个或几个关键因素，粗略预测项目可能的风险。

7.4.3 敏感性分析的优缺点

敏感性分析在一定程度上对不确定性因素的变动对项目投资效果的影响做了定量的描述，有助于搞清项目对不确定性因素的不利变动所能容许的风险程度，有助于鉴别何者是敏感性因素，从而把调查研究的重点集中在那些敏感性因素上，或者针对敏感性因素制定出管理和应变对策，以达到尽量减少风险、增加决策可靠性的目的。敏感性分析也有其局限性，它主要依靠分析人员凭借主观经验来分析判断，难免存在片面性，也不能说明不确定因素发生变动的可能性是大还是小。

参考文献

胡宝清. 2004. 模糊理论基础. 武汉：武汉大学出版社.

冀晓东，靳燕国，刘纲，等. 2010. 基于可变模糊集模型的区域生态环境质量评价. 西北农林科技大学学报（自然科学版），38（9）：148-154.

李士勇. 2004. 工程模糊数学及应用. 哈尔滨：哈尔滨工业大学出版社.

林书聪. 2015. 基于模糊数学理论对环境影响评价中清洁生产水平分析. 资源节约与环保，3：152.

刘毅，陈吉宁，杜鹏飞. 2002. 环境模型参数识别与确定性分析. 环境科学，23（6）：6-10.

王小军，苏养平. 1992. 模糊综合评判法在地下水水质评价应用中若干问题的商榷. 河南地质，10（3）：217-223.

邢可霞，郭怀成. 2006. 环境模型不确定性分析方法综述. 环境科学与技术，29（5）：112-114.

於方，张红振，牛坤玉，等. 2012. 我国的环境损害评估范围界定与评估方法. 环境保护，（5）：25-29.

Lees J，Jaeger J A G，Gunn J A E，et al. 2016. Analysis of uncertainty consideration in environmental assessment：an empirical study of Canadian EA practice. Journal of Environmental Planning & Management，59：2022-2044.

Spadaro J V，Rabl A. 2008. Estimating the uncertainty of damage costs of pollution：a simple transparent method and typical results. Environment Impact Assessment Review，28（2）：166-183.

Webster M，Forest C，Reilly J，et al. 2003. Uncertain analysis of climate changed and policy response. Climatic Change，61：295-320.

Zadeh L A. 1965. Fuzzy sets. Information and Control，8：338-353.

第8章　案例分析一

根据原环境保护部发布的《环境损害鉴定评估推荐方法（第II版）》，环境损害的鉴定评估内容包括人身伤害、财产损害、生态环境损害、应急处置费用和事务性费用等。人身损害指由污染环境行为导致人的生命、健康、身体遭受侵害，造成人体疾病、伤残、死亡或精神状态的可观察的或可测量的不利改变。财产损害指由污染环境或破坏生态行为直接造成的财产损失或价值减少，以及为保护财产免受损失而支出的必要的、合理的费用。生态环境损害指由污染环境或破坏生态行为直接或间接地导致生态环境的物理、化学或生物特性的可观察的或可测量的不利改变，以及提供生态系统服务能力的破坏或损害。应急处置费用指突发环境事件应急处置期间，为减轻或消除对公众健康、公私财产和生态环境造成的危害，各级政府与相关单位针对可能或已经发生的突发环境事件而采取的行动和措施所发生的费用。事务性费用指污染环境或破坏生态环境行为发生后，各级政府与相关单位为保护公众健康、公私财产和生态环境，减轻或消除危害，开展环境监测、信息公开、现场调查、执行监督等相关工作所支出的费用。

8.1　大连溢油事故损害分析

8.1.1　事故简介

2010 年 7 月 16 日，大连市保税区的大连中石油国际储运有限公司原油库输油管道发生爆炸，引发了火灾并导致大量的原油泄漏，初步估计爆炸导致 1500t 原油流入海洋。7 月 19 日，大连海监船通过监视结果发现，受污染区域约为 430km^2，其中一般污染海域约为 52km^2，重度污染海域为 12km^2。事件的具体经过是，7 月 15 日 15:00，利比亚籍“宇宙宝石”号油轮将原油运抵大连新港码头卸油。20:00，上海祥诚商品检验技术服务有限公司人员开始加注“脱硫化氢剂”，天津辉盛达石化技术有限公司人员负责现场指导。16 日 13:00，油轮停止卸油，开始扫舱作业。上海祥诚商品检验技术服务有限公司和天津辉盛达石化技术有限公司现场人员在得知油轮停止卸油的情况下，继续将剩余的约 22.6t“脱硫化氢剂”加入管道。18:02，靠近加注点东侧管道低点处发生爆炸，导致罐区阀组损坏，大量原油泄漏并引发大火。截至 7 月 29 日，大连市海洋与渔业局回收海上溢油 9584.55t，加上国家海洋局调集的中海油，总共回收了海上溢油 11 227t，未回收的海上溢油为 976.26t。这次事件是一起重大的环境污染事故，此次溢油事故对海洋渔业、滨海旅游业、海盐业、沿岸食品加工等沿海产业造成了巨大的经济损失，对大连湾的海洋生态系统平衡也产生了巨大的损害。

8.1.2 损害评估

1. 海洋生态系统服务价值损失评估

“7 • 16”大连输油管道爆炸事故发生在大连湾，属于河口湾类型，水深约为 25m，受污染的区域约为 430km^2。参照国外海洋生态系统平均公益价值表，选用大陆架的生态类型的单位价值为 12 644.4 元/(hm^2·a)。此次事故造成鱼类、藻类及虾蟹类的产量损失约 62%，估计此次事故造成的生态功能损失约为 50%。此次事故主要发生在溢油的生态环境敏感区，根据国家海洋局的《海洋溢油生态损害评估技术导则》，折算率取 3%。假定溢油过后海面环境恢复到原有的状态需要 4 年，依据海洋溢油生态敏感系数定义表，取海洋自然保护区、渔业用水区、典型海洋生态区这三个生态区域的敏感系数的平均值 0.73 作为评价数据。此次事故的主要污染物是原油，因此本节选取溢油品质系数为 1。海洋生态系统服务价值损失=溢油面积×溢油品质影响因子×生态敏感系数×单位生态系统服务价值×折算率×生态系统服务损失率×损失修复的时间，由此公式计算得出，海洋生态系统服务价值损失约为 0.24 亿元。

2. 海洋渔业经济损失评估

大连海上油污已经清除完毕且没有流入公海，对近海捕捞业影响不大。但大连湾、大窑湾、小窑湾海域及金石滩周边海域的浮筏养殖、网箱养殖、滩涂、底播养殖均遭受严重经济损失。通过对比受损海域溢油前后产量得出海水养殖产量损失，调研大连黑嘴子海鲜批发市场得出大连海产品如鱼类、虾蟹类、贝类、藻类的市场价格分别为 25 元/kg、55 元/kg、17 元/kg、4.5 元/kg，平均利润率为 30%、30%、25%、25%，计算得出海水养殖损失约为 6.28 亿元。

3. 沿海食品加工企业经济损失评估

由于近岸海水遭受污染，沿海多家食品加工企业只能异地取海水，同时取水设备等遭受污染，由此引发的异地取海水费用、更换维修生产设施费用、清洗剂及检测费等费用是沿海食品加工企业的经济损失，此次事故共损失约 0.05 亿元。

4. 海盐业经济损失评估

全市盐田面积有 4.2 万 hm^2，占用岸线 131.7km，年均产盐 160 万 t。此次溢油污染了金石滩至旅顺多处盐田，2010 年大连地区海盐产量为 102.23 万 t 左右，溢油事故造成海盐产量损失为 57.77 万 t 左右，优质海盐的平均批发市场价格为 295 元/t，得出海盐业经济损失为 1.70 亿元。

5. 滨海旅游业经济损失评估

由于来连游客人数锐减，交通、住宿、餐饮、游览、购物、娱乐、市内交通、邮电通信等旅游业经济损失巨大。经计算，2010 年来连海外游客人数潜在减少 5.964 万人次，国内游客人数潜在减少 121.4672 万人次。2011 年来连海外游客人数潜在减少 19.1107 万人次，国内游客人数潜在减少 55.1456 万人次。中国外汇交易中心公布，2010 年人民币对美元年平均中间价为 6.7695，2011 年人民币对美元年平均中间价为 6.4588；根据 2010 年、2011 年来连游客人均花费得出此次溢油事故造成滨海旅游业总经济损失 34.95 亿元，为 2010 年与 2011 年滨海旅游业经济损失之和。

6. 应急处置费用

国家及相关部门立即启动应急预案，建立了以辽宁海事局为事故处理指挥部门，大连市海洋与渔业局、大连市环境保护局等为辅的事故处理系统。大连市海洋与渔业局组织渔船从 7 月 19 日开始清污行动，共有 9537 艘次渔船参与。据大连渔民透露，每船每天平均能回收 60 桶油左右，政府每桶奖励 300 元，据此得出渔船清污费用为 1.72 亿元。

清污期间总共使用 12.1 万条编织袋、46.6 万条塑料垃圾袋、43 万 m 草帘、5 万多个塑料桶、6927 个开口铁桶、4 万多 m 围油栏、65t 吸油毡。根据批发市场报价，得出投入清污物资费用将近 0.1 亿元。根据此次实际清污状况，利用渔船清污费用和投入清污物资费用是清污的主要成本，共计 1.82 亿元。

7. 污染修复费用

水资源的修复采用影子工程法进行评估。通过建立一个污水处理厂来清理海洋上的油污，用这个污水处理厂的建设费用代替这个服务功能的价值。此次污染事故造成溢油面积为 430km^2，采用表层水体（水深 0.5m）进行计算，因此整个受污染的水体体积为 $2.15\times10^8m^3$。若该事故需要建设一个规模为 15 万 t/d 的污水处理厂，应该投资 4.5 亿元左右。考虑到污水处理厂主要处理的污染物是原油，根据成本，按 10%折算，得出投资额为 4500 万元。根据有关资料，大连市在 2012 年 8 月 1 日对污水处理费用进行了调整，其中工商业污水处理费用标准提高到 1.2 元/m^3，居民与特种行业的污水处理费用标准也分别提高到 0.8 元/m^3 和 1.7 元/m^3，由于无法判断这三个主体的比例，取这三个污水处理费用的平均值

1.23 元/m^3，经过核算可得，处理污染的水体所需要的费用约为 2.64 亿元。所以此次溢油事故的修复费用为 3.09 亿元。

生物资源的修复通过资源等价分析法评估，溢油事故造成的生物资源的损失总量等于修复工程中生物资源增长量。大连溢油事故造成非底栖动物的产量损失达 81.32%，受损面积为 430km^2，底栖动物的产量减少了 61.99%，受损面积为 52km^2。本节假设建立海洋生态保护区来补偿修复受损的生物资源，此保护区修建期为 5 年，服务期为 20 年，假设初始时生物资源量为 0，在 2010 年开始补给，生物资源量随着时间延长呈线性增长，最后达到基线水平 100%，得出所要建立的海洋生态保护区的规模是 71.9km^2。此次溢油事故应采用大陆架的公益价值为 12 644.4 元/(hm^2·a)，则补偿修复的费用为 9092.6 万元。

大连溢油事件损失核算结果如表 8.1 所示。

表 8.1　大连溢油事件损失核算结果（单位：亿元）

项目		核算数额	小计
财产损害	水资源	0.24	43.22
	渔业	6.28	
	盐业	1.70	
	加工业	0.05	
	旅游业	34.95	
应急处置费用	渔船清污费用	1.72	1.82
	投入清污物资费用	0.10	
污染修复费用	水体污染修复	3.09	4.00
	生物资源修复	0.91	
总计损失费用			49.04

8.2　墨西哥湾溢油事故分析

8.2.1　事故简介

2010 年 4 月 20 日，英国石油公司租赁的位于美国墨西哥湾的“深水地平线油井”一座半潜式钻井平台爆炸起火。36h 后，平台沉没。11 名工作人员失踪，17 人受伤。4 月 21 日墨西哥湾宣布石油外溢持续直至 7 月 15 日，油井在 9 月 19 日正式封井。“深水地平线”事故造成 1500m 深海的原油泄漏，是历史上首次发生在 500m 以上深海的原油泄漏。此次事故涉及 13 个联邦机构，总溢

油量接近 4.9×10^6 桶（205.8×10^6gal）。2010 年 8 月 2 日报告显示，采取应急措施人工处理油的量为 33%，直接挥发或溶解的量占 25%，自然分散（生物作用）占 16%，最后残留在环境中的占总量的 26%。

8.2.2 损害评估

“深水地平线”钻井平台爆炸引发的溢油事故对墨西哥湾地区的生物资源和生态环境带来了巨大的、深刻的、长远的不利影响，主要表现在以下几个方面。

1. 财产损害

根据相关历史统计数据，墨西哥湾海域商业物种日产量为 4 315 561.2 磅/d（1 磅=0.453 592kg）。在 5 月 2 日到 11 月 5 日的 197 天禁渔期内，直接损失量为 $4\ 315\ 561.2\times197 = 850\ 165\ 556.4$ 磅。渔产品平均单价为 0.474 894 美元/磅，所以损失总额为 $850\ 165\ 556.4\times0.474\ 894\approx403\ 738\ 521.7$ 美元 $\approx40\ 373.85$ 万美元。

2. 生态环境损害

根据历史统计数据，该区域内鱼卵 $15\ 788\ 189\times10^6$ind，成活率 1%；仔稚鱼 $18\ 484\ 313\times10^6$ind，成活率 5%。该区域为重污染区，假定生物受损率为 10%，则导致的鱼卵损失量为 $15\ 788\ 189\times10^6\times1\%\times10\%\approx1.58\times10^{10}$ind；仔稚鱼导致的生物损失量为 $18\ 484\ 313\times10^6\times5\%\times10\%\approx9.24\times10^{10}$ind；总计约为 1.08×10^{11}ind。价值取 0.035 美元/ind，则鱼卵、仔稚鱼价值损失为 $1.08\times10^{11}\times0.035 = 378\ 000$ 万美元。

鸟类及野生动物的价值参考美国国家海洋经济项目对海洋生物观赏价值的统计，并按 3 年期限计算损失。目前所记录的鸟类直接死亡量为 6104 只，鲸类直接死亡量为 100 只，所以鸟类观赏价值损失为 $6104\times186.5\times365\times3\approx124\ 654.36$ 万美元；鲸类观赏价值损失为 $100\times218\times365\times3 = 2387.1$ 万美元，两者合计为 127 041.46 万美元。

美国墨西哥湾沿岸的大约 15.6×10^6ac（$1\text{ac}=0.404\ 686\text{hm}^2$）的盐碱地和淡水生境的湿地生境，若根据美国国家海洋经济项目中对海岸环境价值的估量，该地区湿地的原有环境价值取均值为 12 100 美元/ac。若有 10%湿地受到污染，由于其敏感值极高，假设受损程度为 70%，则原有环境价值损失为 $12\ 100\times15.6\times10^6\times10\%\times70\% = 1\ 321\ 320$ 万美元。

采用生境等价分析，从提供等价生态系统服务的角度对资源价值进行评估。美国墨西哥湾沿岸有大约 15.6×10^6ac 盐碱地和淡水湿地生境。湿地受损面积按 10%计算，需 10 年恢复相应的生态系统服务功能。设其服务水平仅为受损前的

30%，恢复工程同期开始，5 年内达到最大服务水平 100%，服务期考虑 20 年，所需修复湿地面积为 64 556.763 英亩。按照我国种植红树林生态系统的成本 25.68 万美元/万 m^2 计，则所需成本为 64 556.763×4046.86/10 000×25.68 = 670 896 万美元。

3. 应急处置费用

2010 年 5 月 25 日，BP 公司支付佛罗里达州 2500 万美元用于防治油污，使其远离海滩，同时支付给亚拉巴马州、路易斯安那州、密西西比州各 1500 万美元，共计 7000 万美元。

4. 调查评估费用

2010 年 11 月 1 日，BP 公司宣布计划花费 7800 万美元来帮助路易斯安那州的旅游业及测试和宣传海产品。

8.3 铅蓄电池厂污染分析

8.3.1 事故简介

台州路桥某铅蓄电池企业位于路桥区峰江金属型材工业园区，主要从事铅蓄电池生产制造，企业年铅蓄电池生产能力为 240 万只。2003 年，企业的铅蓄电池项目经过当地环境保护部门审批。2005 年，项目完成竣工验收。企业东、西侧为上陶村村民的菜地和农田，南侧为数幢居民楼，北侧为一家塑料企业。企业“三废”产排及治理情况如下：①充放电及清洗工序的酸性含铅废水，收集后经氧化还原、中和反应、高效絮凝、悬浮澄清、强力吸附外排；②熔铅、球磨、焊接、切片、打磨等工段产生的含铅粉尘，极板化成所产生的硫酸雾，含铅粉尘经 HKE 型高效铅尘净化器和 ZC 型回转反吹布袋除尘器处理外排，硫酸雾经酸雾处理设施处理外排。企业具有一定的“三废”治理设施，在保证设施正常稳定运行情况下可以做到达标排放。但由于“三废”治理成本较高，企业存在蓄意隐瞒、恶意排污的行为，导致了 2011 年 3 月污染事故的发生。

2011 年 3 月中旬，上陶村个别村民感觉身体异常，医院血液化验结果显示其血铅异常。先后有 168 名村民都检查出血铅异常，超过 100μg/L。该铅蓄电池企业是附近唯一的涉铅企业。调查显示，血铅超标的村民大多居住于该企业 259m 范围内，可初步认定村民血铅异常事件与该公司含铅污染物的排放具有直接关系。当地环境保护部门迅速组织人员对企业进行环境执法检查，并对废气、废水排口、附近水体、土壤进行监测。其中，废气处理设施排口两个样品，铅浓度排放速率超标 1 倍；场内雨水沟及场外排口两个样品，铅浓度超标近 3 倍；附近水体 11 个样品，铅浓度未超标；附近村庄水井及自来水 10 个样品，未超标；附近土壤 3 个样品中东面 15m 菜地土壤铅浓度超标 1 倍，其他两个样品未超标。

8.3.2　损害评估

路桥铅蓄电池企业铅污染事故范围相对较小，以土壤污染、生态污染和人体健康危害为主。其中根据土壤污染程度的差异可分别采用化学淋洗、固化/稳定化、生物修复等方法进行治理恢复，土壤修复的过程中替代原有土壤的经济作物种植功能，将产生一定的经济价值损失。受到生态污染的经济作物和植物将丧失其经济价值，也将导致一定的经济损失。人体健康危害主要表现为医疗费用开支、误工损失和陪护损失。因此，对于企业铅污染事故的生态环境损失评估采用市场价值法、恢复费用法和人力资本法。计算方法如下：

$$L_t = L_1 + L_2 + L_3 + L_4 + L_5 \tag{8.1}$$

$$L_1 = \sum_{i=1}^{n} V_i \cdot S_i \tag{8.2}$$

$$L_2 = \sum_{i=1}^{n} V_i \cdot S_i \cdot T_i \tag{8.3}$$

$$L_3 = \sum_{i=1}^{n} R_i \cdot S_i \cdot H_i \tag{8.4}$$

$$L_4 = \sum_{i=1}^{m} N_i \cdot C_i \tag{8.5}$$

$$L_5 = \sum_{i=1}^{k} (M_i + D_i + A_i) \tag{8.6}$$

式中，L_t 是铅污染总经济损失（元）；L_1 是土壤修复前作物种植损失（元）；L_2 是土壤修复期间作物种植损失（元）；L_3 是土壤修复费用（元）；L_4 是土壤监测费用（元）；L_5 是人体健康损失（元）；V_i 是第 i 地块单位农作物种植收益[元/(a·m^2)]；S_i 是第 i 地块面积（m^2）；R_i 是第 i 地块单位土壤修复费用（元/m^3）；T_i 是第 i 地块土壤修复时间（年）；n 是受污染土壤作物种类或不同修复方法的地块数量；H_i 是土壤修复深度（m）；N_i 是第 i 个指标的样本数（个）；C_i 是第 i 个指标的监测费用（元/个）；m 是监测指标数；M_i 是第 i 个健康受害者治疗费用（元）；D_i 是第 i 个健康受害者误工损失（元）；A_i 是第 i 个健康受害者陪护损失（元）；k 是健康受害者人数。

1. 财产损害

根据调查计算，铅蓄电池企业周边受污染土壤总面积为4377.03m^2，由于作物种植种类变化较大，按照平均作物种植的产值水平计算损失。根据路桥区统计局的数据，2010年，全区耕地单位面积农业产值平均为3674.00元/亩（1亩≈666.7m^2）。根据式（8.2）计算，受污染土壤修复前作物种植损失（L_1）为2.41万元。根据受污染土壤的监测情况，初步确定采用化学淋洗、稳定化及生物修复结合的修复方法，修复期限为1年。根据式（8.3）计算，受污染土壤修复期间作物种植损失（L_2）为2.41万元。二者合计为4.82万元。

2. 人身损害

通常血铅超标者治疗建议为：血铅值 600μg/L 以上者，需进行药物驱铅治疗，疗程为3～5周，并进行相关指标复查；血铅值400～600μg/L者，进行营养干预，并配合相关功能检查；其他超标者，需多饮水，并进行适当营养干预。根据《台州统计年鉴2011》，2010年路桥区城镇人均可支配收入是33 010元/a，农村人均收入14 037元/a。以农村人均月收入1169.75元计算误工费，误工时间为1个月，168名血铅超标者，总误工费约为19.65万元。因此，人体健康损失（L_5）为23.04万元。

3. 土壤修复及监测费用

根据《受污染场地土壤修复技术导则》(征求意见稿)（环境保护部，2009)，常用的受污染土壤修复技术主要包括挖掘、稳定/固化、化学淋洗、气提、热处理、生物修复等，其中可用于重金属污染的修复技术主要有稳定/固化、化学淋洗、生物修复等。《2010年国家先进污染防治示范技术名录（重金属污染防治技术领域）》（环境保护部，2010）中列出重金属污染土壤的稳定化技术——分子键合重金属污染土壤修复技术，该技术将分子键合剂与重金属污染土壤（或污泥）混合，通过化学反应，把重金属转化为自然界中稳定存在的化合物，实现无害化。单位污染物处理成本 60～1000 元/m^3。化学淋洗指借助能促进土壤环境中污染物溶解或迁移作用的溶剂，通过压力水头推动清洗液，将其注入被污染土层中，将包含污染物的液体从土层中抽提出来，进行分离和污水处理的修复技术。用于处理重金属污染土壤，其成本约为1600元/m^3。

生物修复指利用微生物、植物和动物将土壤、地下水中的危险污染物降解、吸收或富集的生物工程技术系统。用于处理重金属污染土壤时，动物修复成本约为 360 元/m^3，植物修复成本约为 280 元/m^3。上述修复方法各有优势，对于重度污染土壤可采用化学淋洗、动物和植物相结合的修复技术，对于中度污染土壤可采用分子键合重金属污染土壤修复技术，对于轻度污染土壤采用动物修复技术和植物修复技术。为了保证修复方法能够有充足的资金，分子键合重金属污染土壤修复技术采用最高成本进行计算，土壤修复费用（L_3）为 90.37 万元。在土壤修复期间及土壤修复后期，其监测布点按照铅污染程度越高、布点密度越大的原则进行，总监测点数量为 120 个，土壤监测费用（L_4）为 3.6 万元。二者合计为 93.97 万元。

将上述作物种植损失（L_1，L_2）、土壤修复及监测费用（L_3，L_4）、人体健康损失（L_5）等费用相加，该铅污染事故造成的环境铅污染总经济损失（L_t）为 121.83 万元。其中土壤修复及监测费用最高，占总损失的 77.1%；其次是人体健康损失占总损失的 18.9%，农作物种植损失占 4.0%。因此，铅污染事故危害主要表现为生态损害和健康损害。

8.4　虎溪河污染分析

8.4.1　事故简介

重庆市沙坪坝区大学城河流是虎溪河的一条支流，发源于杨家沟水库，流经龙湖 U 城、重庆师范大学、卓越熙街、青年广场、富力城倾城里小区和河畔里小区，穿过大学城南路汇入虎溪河。经重庆市沙坪坝区环保局排查，该河沟重庆师范大学以上河段、富力城倾城里小区和河畔里小区部分河段已被覆盖于地下，裸露河段均为黄浑、乳白或灰黑色水体。卓越熙街旁一雨水管排口常年直排污浊废水。流域内无工业企业或小作坊，污水全部为生活污水。该河沟污染不仅影响富力城倾城里小区居民，还严重影响大学城青年广场形象及虎溪河水质。

8.4.2　损害评估

虎溪河污染严重影响了周边居民的正常生活，同时对其周边生物资源和生境带来了不利影响。

1. 财产损害

受污染河段总长 20km，每年可产出 100 000kg 活鱼，假设每千米由污染造成鱼死亡 100kg，因活鱼被污染价格由 5 元/kg 下降到 4.5 元/kg，则水污染造成的渔业损失为 $20\times100\times5+98\ 000\times0.5=59\ 000$ 元。

每年平均有 1 万人在虎溪河周边景点游玩，每人平均在景点消费 50 元，因水体污染虎溪河周边景点损失 90%的游客，其损失为 $10\ 000\times0.9\times50=45$ 万元。

在虎溪河周边共有 2 万居民，经调查 100%的人支持治理虎溪河，其中 75%的人愿意支付 21～50 元的休憩费用来享受虎溪河带来的舒适感，因此可以得出，虎溪河的休憩价值为 20 000×0.7×35 + 20 000×0.083×5 + 20 000×0.167×15 + 20 000×0.05×50 = 598 400 元。

2. 生态环境损害

虎溪河是许多河内生物生长的场所，还为生物进化及生物多样性的产生与形成提供了条件，在每年河水干净清澈的河段，可以发现许多鱼。根据已有研究成果，全球湿地生物栖息地功能价值为 304 美元/hm^2，计算出河流湿地生物栖息地价值 218.88 美元，大约 1379 元。

虎溪河湿地由于水体被污染，水生植被的生物量大量减少，近期水生植物分布面积仅占该河段面积的 3%，此部分只对湿地的价值进行计算，按单位湿地植物的平均产量计算植被生物量，该河段湿地植物总产量为 200kg，湖滨湿地植物吸收 CO_2 的量为植被产量×单位植被吸收的 CO_2。所以湖滨湿地植物吸收 CO_2 的价值为 200kg×10^3×1 元/kg×1.62g/g = 324 000 元。

湿地植物释放 O_2 的价值采用氧气的工业制造成本作为影子价格计算，工业制氧成本为 400 元/t，释放 O_2 的价值 = 植被产量×单位植被释放 O_2 的量×工业制氧成本 = 200kg×1.2g/g×0.4 元/kg = 96 元。

虎溪河涵养水源的价值通过涵养水源的量用影子工程法来计算。湿地的涵养水源的容量按其容量 10 220m^3 计算，单位蓄水库容成本以全国水库建设投资计算，单位蓄水库容成本以全国水库建设投资计算，每建设 1m^3 库容需投入 0.67 元。虎溪河涵养水源的价值=涵养水源量×单位库容成本 = 10 220×0.67 = 6847.4 元。

3. 污染修复费用

水体修复费用指采取应急措施后经鉴定水体污染依然无法消除、采取并实施其他人工干预措施所发生的费用，修复水体的参考单位治理成本见表 8.2。

表 8.2 修复水体的参考单位治理成本

修复技术		适用介质	单位治理成本/（元/t）	修复技术		适用介质	单位治理成本/（元/t）
市政工程技术	污染场地隔离墙技术	地表水、地下水	500～1100	化学修复技术	化学氧化	地表水、地下水	700～4000
	含水层隔离墙技术	地表水、地下水	500～1100	物理修复技术	两相气提	地表水、地下水	900～1600
生物修复技术	自然衰减	地表水、地下水	500～1100		曝气技术	地表水、地下水	600～1200
	生物往汽	地表水、地下水	500～1100		反应性生物渗透技术	地表水、地下水	250～4100

修复治理成本考虑化学氧化修复技术平均为 2350 元/m^3，受污染的水量 10 220m^3，估算结果为 2350×10 220 = 24 017 000 元；考虑生物修复技术平均为 800 元/m^3，估算结果为 800×10 220 = 8 176 000 元；考虑物理修复技术中的两相气提平均为 1250 元/m^3，估算结果为 1250×10 220 = 12 775 000 元，总修复治理成本为 44 968 000 元。

4. 应急处置费用

采取市场价值法评估应急处置费用损失，具体如表 8.3 和表 8.4 所示。应急处置总费用为应急处置现场费用+行政事务投入费用 = 72 000 + 75 715 = 147 715 元。

表 8.3　应急处置现场费用

项目		计算数额/元
应急处置费用	清理现场费用	2 000
	污染控制费用	5 000
	人员转移安置费用	50 000
	现场应急监测费用	5 000
	现场抢救费用	10 000
	小计	72 000

表 8.4　行政事务投入费用统计

费用	部门	人员、车辆、项目类型	核算方式	费用/元
人力劳资费用	市环境应急与事故调查中心	应急指挥调度人员	6（人）×2（d）×300[元/(人·d)]	3 600
	A 区环境保护局	应急指挥调度人员	80（人）×20（元/人）	1 600
	市环境监测中心	监测人员	8（人）×2（d）×80[元/(人·d)]	1 280
	A 区环境监测站	监测人员	125（人）×20（元/人）	2 500
	小计	8980		
应急车辆及其油耗费用	市环境应急与事故调查中心	普通车辆	1（辆）×2（d）×1 375[元/(辆·d)]	2 750
		普通车辆耗油	60（L）×7.5（元/L）	450
		专用车辆	1（辆）×2（d）×1 375[元/(辆·d)]	2 750
		专用车辆耗油	80（L）×7.5（元/L）	600
	A 区环境保护局	普通车辆	18（车）×60（元/车）	1 080
	市环境监测中心	专用监测车辆	2（辆）×2（d）×400[元/(辆·d)]	1 600
		车辆耗油	100（L）×7.5（元/L）	750
	A 区环境监测站	专用监测车辆	45（车）×60（元/车）	2 700
	小计	12 680		

续表

费用	部门	人员、车辆、项目类型	核算方式	费用/元
应急监测费用	样品采集		407（个）×（6×2.5）（元/个）	6 105
	样品分析	pH	68（个）×（10×2.5）（元/个）	1 700
		COD	7（个）×（60×2.5）（元/个）	1 050
		高锰酸钾指数	68（个）×（20×2.5）（元/个）	3 400
		铬（六价）	33（个）×（40×2.5）（元/个）	3 300
		石油类	67（个）×（70×2.5）（元/个）	11 725
		镉	40（个）×（60×2.5）（元/个）	6 000
		铅	37（个）×（60×2.5）（元/个）	5 550
		苯系物	（29×3）（个）×（70×2.5）（元/个）	15 225
	小计	54 055		
合计		75 715		

该污染事故造成的环境损害核算情况如表 8.5 所示。

表 8.5 虎溪河污染环境损害核算情况

项目			数额/元
财产损害	生物	渔业资源	59 000
		旅游价值	450 000
		休憩价值	598 400
生态环境损害	生物		1 379
	生态	CO_2	324 000
		O_2	96
		涵养水源	6 847.4
污染修复费用			44 968 000
应急处置费用			147 715
总计			46 555 437.4

8.5 货车侧翻水污染分析

8.5.1 事故简介

2013 年 7 月 8 日，某货车在 G93 渝遂高速 A 县 B 镇段发生侧翻并坠入高速路旁的小河沟，车上混装有 617 桶油漆（每桶约 18kg）、变速箱、木地板、各类蚊香等，部分油漆桶破损，造成约 300kg 油漆进入小河沟。事发点下游 1.5km 处为 B 镇饮用水源地（C 水库），流经 B 镇居民饮用水源取水点，最终汇入琼江。事故发生后，A 县环保局会同 B 镇政府及市环保局增援人员立即成立现场应急指挥部并开展应急处置工作，切断了上游来水，在下游设置了围油栏，并用稻草和吸油毡对含油废水进行吸附；同时，对事发地小河沟、下游 C 水库（B 镇饮用水源地）及琼江水质进行跟踪监测。经过近 51h 的抢险救援，截至 2013 年 7 月 10 日 11:00，事故点附近、C 水库入口、B 镇饮用水源取水点及琼江水质均达到相应的水质标准。7 月 11～12 日，水质持续 2 天稳定达标，2013 年 7 月 12 日 15:00 解除应急状态。

8.5.2　损害评估

1. 财产损害

该事故导致事发地周边部分农作物和树木受到油漆污染，并在应急处置的过程中作为废物转运处置，由于受害者与肇事公司已达成赔偿协议，该部分损失按照实际赔付金额核算，即农作物损失为 11 800 元，树木损失为 3340 元，共计 15 140 元（表 8.6）。该小河沟受污染范围为事发地至 C 水库入口段，该小河沟虽未划定水域功能，但汇入的 C 水库为 B 镇饮用水源地，所以将小河沟受污染段的水资源用途归类为城市生活用水，其影子价格为 2.0～4.0 元/m^3，评估取中间值 3.0 元/m^3。该段水体长约 1500m，平均宽度约 3m，平均水深约 1.1m，水量估算约 4950m^3，可以估算出该污染事故的水资源损失费用为 14 850 元。C 水库、B 镇饮用水源取水点及琼江水质稳定达标，水体未受污染，因此不考虑其水资源损失。

2. 应急处置费用

采用直接价值法，应急处置过程的直接处置费用（即污染控制与清理费用），主要包括应急物资费用、危险废物处置费用、设备及车辆租用费用和人力劳资费用。其中，应急物资包括吸油毡 10 箱、吸油棉 6 件、围油栏 18 箱、拦油索 6 箱、沙石 86m^3、水泥 4.5t、处理用谷草 500kg、活性炭 1t、电动机 2 台，费用总计为 87 890 元；危险废物处置包括废水和废渣的处理，其中废渣 8.90t，废水 19.16t，总处理费用为 56 120 元；设备及车辆租用费用为 16 266 元；人力劳资费用包括某危废处置公司人员和政府雇用工人薪酬，总费用为 37 000 元。各级行政主管部门在应急指挥调度过程中也投入相应人力、车辆等费用，市环境应急与事故调查中心出动应急指挥调度人员 9 人，A 县环境保护局出动应急指挥调度人员 80 人次，总计费用为5200元；市环境应急与事故调查中心出动专用车辆1辆，普通车辆1辆，A县环境保护局普通车辆18车次，加上油耗费用，总计7360元。

应急监测费用包括应急监测部门在应急监测过程中投入的人力、车辆及样品采集与分析费用。在应急处理期间，市环境监测中心出动监测人员8人，A县环境监测站出动监测人员125人次，费用为3780元；市环境监测中心出动专用监测车辆2辆，A县环境监测站出动专用监测车辆45车次，加上油耗费用总计5050元；取得检测样本407个，并对样本的pH、COD、高锰酸钾指数、铬（六价）、石油类、镉、铅、苯系物这八大指标进行了检验，总费用为54 055元。综上，应急监测费用总额为62 885元。

3. 调查评估费用

调查评估费用总额为50 000元，包括现场踏勘费用5000元，走访调查费用5000元，勘察监测费用10 000元，风险评估费用20 000元，损害评估费用10 000元。

表8.6　货车侧翻水污染事件损失核算结果

项目		核算数额/万元	项目		核算数额/万元
财产损害	土地	—	调查评估费用	勘察监测费用	1.00
	水资源	1.49		污染场地调查费用	1.00
	农业	1.51		风险评估费用	2.00
	渔业	—		损害评估费用	1.00
	工业	—		小计	5.00
	小计	3.00	应急处置费用	清理现场费用	—
污染修复费用	土壤污染修复	—		污染控制费用	20.98
	水体污染修复	—		应急监测费用	6.29
	小计	—		小计	27.27
			损失数额		35.27

8.6　中石油渭南支线柴油泄漏事件分析

8.6.1　事故简介

陕西中石油公司兰郑长成品油管道渭南分输支线始于渭南市华县赤水镇止于渭南市城关镇高田村，支线长18km，2009年5月初建成。2009年12月9日19:50开始向渭南油库输油。30日0:51发生压力流量异常；2:50巡线人员发现在距渭南分站 2.75km 的支线处有漏油现象，该地紧邻渭河支线赤水河；3:08 北京调控中心关闭了分输支线相关阀门，输油停止；12:40，找到管道泄漏点；16:00 左右，抢险人员将木楔钉入泄漏口，管道停止泄漏。31 日凌晨 2:20，完成管道泄漏点的焊接封堵。至此，泄漏柴油约 150m^3，其中 50m^3 被回收，100m^3 泄漏进入土壤和水体。泄漏柴油形成的污染带于 12 月 30 日 4:00 左右进入赤水河，2010 年 1 月 2 日 0:00 左右到达渭河军渡断面附近，10:00 左右到达潼关吊桥断面，15:00 左右进入黄河。污染物最高浓度为 43.8mg/L，超过地表水Ⅲ类标准 800 多倍。2009 年 12 月 30 日 17:23，渭南市环境保护局举报中心接到兰郑长项目管理人员的报警电话，此时已造成柴油泄漏 40m^3，已回收了 30m^3，有 10m^3 泄漏到土壤中，泄漏点附近 15～20m^2 麦田被污染。接到报警电话之后，渭南市环境保护局立即启动应急预案，并派工作人员于 18:29 赶到事发现场，12 月 31 日上午，赤水河上的柴油没有减少，渭河段已经遭受全面污染。12 月 31 日当天，中国石油天然气股份有限公司（以下简称中石油）开始从各地调集吸油毡、围油栏、吸油棒等吸油材料，当地政府调派的抢险人员也随即赶到，救援人员增至 500 多人。

2010 年 1 月 1 日 15:00 环境保护部西北环境保护督查中心指挥成立应急小组，开始启动了应急监测工作。应急抢险队伍进一步壮大，应急设备、应急物资先后到达，180 多套设备、近 200 辆车运抵抢险现场，应急指挥人员及应急救援人员增至 700 人。为了进一步控制浮游，立即从青岛调运 6t 凝油剂，采取抛洒凝油剂、人工打捞等强化措施，全力控制污染物下移。2010 年 1 月 1 日 22:00 开始在赤水开挖渠道，于 1 月 2 日 20:40 修通，成功引导赤水河水绕过泄漏点，减轻下游压力。1 月 3 日 11:00，中石油从洛阳调来一架直升机，方便对整体情况进行监视。

8.6.2　损害评估

1. 财产损害

石油泄漏点附近 15～20m^2 麦田被污染。以中间值 18m^2 计算，当小麦平均亩产为 440kg，小麦的市场价格为 2160 元/t，小麦的受损率为 90%，计算得农业损失为 23 元。

2. 生态环境损害

本次污染事故的生态环境损害主要包括水资源损失费用和水资源恢复成本。受污染的河流为渭河和赤水河，以及以黄河潼关至小浪底水库段。受污染的水资源主要是城市生活用水，影子价格为 2.0～4.0 元/m^3，以中间值 3 元/m^3 计算，受污染的水量估计为 380 万 m^3，可计算出水资源损失为 1140 万元。

3. 应急处置费用

本次污染事故共使用180套救援设备，监测仪器设备40余台，救援车辆200辆，监测车辆50部，采样船只8艘，吸油船2艘，直升机1架，应急指挥人员50人，救援人员800人，监测数据2100个，凝油剂4.6t，吸油毡19.5m^3，吸油拖栏4164m，围油栏4580m，根据当时当地各种物资及人工费用的标准，计算得应急处置费用共计为51.49万元。

4. 调查评估费用

调查评估费用按实际支出计算，共计5万元。

本次污染事故共造成损失1196.49万元。本案例中企业在发现柴油泄漏之后近17h时才向当地政府报告，错过了最佳处置时期；陕西省环境保护厅值班人员在接到事故信息后未及时向领导报告，未及时组织开展工作。事故初期缺乏合适的吸油材料，使得初期处置效果不佳。同时，事故中应急监测规范存在漏洞，部分测算标准是按石油泄漏计算公式中参数来计算的，因为没有相对于柴油泄漏的损失计算标准，所以计算过程不够严谨，计算结果仅为参考值。监测结果受非泄漏污染物干扰较大。

第9章 案例分析二

本章以水污染事件为案例，具体说明环境损害鉴定评估的具体内容和技术方法，并分析揭示偏好法在水体损害成本评估中的应用。

9.1 案例简介

2016年9月3日晚，广西浔江登州头河段查获一艘货船在进行垃圾非法倾倒。事件倾倒点位于藤县饮用水水源保护区二级保护区内，距离县城取水口上游约8.5km。县城水厂当晚停止供水，各级环保部门和县卫生部门对事发水域及下游地表水的监测工作同步启动，对船上垃圾渗滤液的分析结果显示部分重金属污染物超标。由于船停泊在江心小岛一个弯位处，船体挡住了水流，倾倒到江里的垃圾大部分仍滞留在登州岛河边附近，只有少部分随水流漂走。9月4日相关部门用渔网将周围水面漂浮的垃圾围了起来，对垃圾船及周边进行了防疫消毒工作，县城水厂于9月4日12:30恢复了取水，当晚海事部门组织两艘打捞船对船体周边垃圾进行打捞，至6日中午河中垃圾才全部打捞清理完毕，完成现场处置工作。截至9月8日，浔江相关江段水质持续达标，事件得到控制。

9.2 损害鉴定评估内容和方法

污染事件的环境损害鉴定评估工作主要包括两个部分：前期调查和损害评估。前期调查工作主要通过现场勘察、应急监测、访问调查等方式收集环境损害相关数据，并由相关统计数据获取基线信息，为确定环境损害范围和程度提供数据支持。损害评估工作主要利用相应的评估和预测模型，将污染事件造成的环境损害进行量化、货币化，为环境损害追责提供参考依据。

环境损害鉴定评估的内容包括人身损害、财产损害、生态环境损害、应急处置费用和事务性费用。人身损害通过疾病成本法进行评估，财产损害通过市场价值法进行评估，生态环境损害通过恢复费用法和虚拟治理成本法进行评估，应急处置费用和事务性费用按实际发生额进行核算评估。环境损害鉴定评估的技术路线图如图9.1所示。

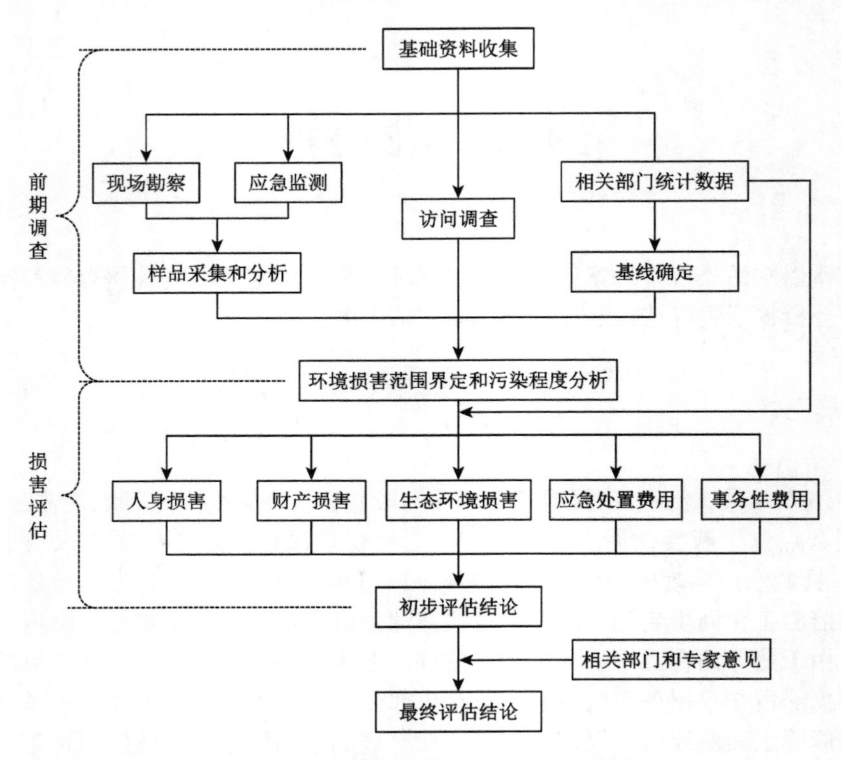

图 9.1　环境损害鉴定评估的技术路线图

1. 人身损害

人身损害是垃圾倾倒造成的疾病、伤残、死亡等健康损害，一般通过疾病成本法进行评估。该方法建立在反映污染程度与健康影响之间关系的损害函数的基础上。其中疾病成本包含：由患病引起的收入上的损失、治疗费用、药费、相关检查费用及其他费用等。这种费用除了统计均值之外，还可以利用与发病率提高相关的各种成本数据进行估算。

2. 财产损害

财产损害包括垃圾倾倒导致的相关企业减产停产的价值减少，以及清除财产污染支出的额外费用，可通过市场价值法进行评估。市场价值法将环境看成生产要素，环境质量的变化导致生产率和生产成本的变化，从而导致产量和利润的变化，产量和利润是可以用市场价格来衡量的，以此来推算环境质量的改善或破坏所带来的经济上的影响。在反映资源稀缺性的有效价格前提下，直接运用货币价格，对可以观察和度量的环境质量变化进行测算。计算公式为

$$L_i = \sum P_i \Delta R_i$$

式中，L_i 是环境污染或破坏造成产品损失的价值；P_i 是第 i 种产品市场价值；ΔR_i 是第 i 种产品污染或生态破坏减少的产量。

3. 生态环境损害

生态环境损害是垃圾倾倒造成的浔江水体污染损害（COD、总氮、汞等污染）。恢复费用法是常用、易于操作的估算水体污染造成的价值损失的一种方法，是用各种受污染的水质恢复到基准态所需的处理成本来表示水污染损失。计算公式为

$$L = R \times W \times (C - C_0)$$

式中，L 是环境污染的总处理成本；R 是污染物的单位处理成本；W 是受污染的水量；C 是污染物的浓度（mg/L）；C_0 是污染物的标准浓度（mg/L）。

虚拟治理成本法也可用于评估污染事件的生态环境损害。该方法从防护的角度模拟治理被污染水体需花费的成本。污染治理成本计算采用污染物排放量与单位污染物治理成本的乘积，即污染治理成本 = 污染物排放量×单位治理成本。

按环境保护部于 2014 年 12 月发布的《突发环境事件应急处置阶段环境损害评估推荐方法》，在采用虚拟治理成本法量化环境损害时，可根据受污染影响区域的环境功能敏感程度分别以 1～10 的放大倍数作为环境损害数额，其中地表水的确定原则如表 9.1 所示。

表 9.1 虚拟治理成本法放大倍数

受污染地表水环境功能区类型	放大倍数	受污染地表水环境功能区类型	放大倍数
Ⅰ类	＞8	Ⅳ类	3～4.5
Ⅱ类	6～8	Ⅴ类	1.5～3
Ⅲ类	4.5～6		

4. 应急处置费用

应急处置费用包括污染清理、污染控制、应急监测等费用，一般按照《突发环境事件应急处置阶段污染损害评估技术规范》进行评估。

5. 事务性费用

事务性费用包括环境监测、信息公开、现场调查、执行监督等费用，一般按实际支出进行评估。

9.3　揭示偏好法的应用

生态环境损害主要是对水质调节服务的损害，污染事件使饮用水源水质下降至Ⅲ类以下，水中污染物浓度超标。为了恢复水质标准，需对超标污染物进行处理。污染物的处理成本不存在市场，但可通过污水处理厂的运行费用进行估计，即通过相似样本揭示水质调节服务的价值。各污水处理厂采用的污水处理技术和处理规模都不相同，其污水处理成本的效率存在很大差异。污水处理样本的选择会极大地影响水质调节服务损害成本的估计值。为获得准确可靠的估计值，需对污水处理样本进行效率分析，将污水处理样本按成本效率进行排序分类，并分别根据成本效率高的污水处理样本和成本效率低的污水处理样本估计损害成本的下限值和上限值。

评估机构对 364 家污水处理厂的运行成本和污染物清理总量进行了分析，采用数据包络分析法对各污水处理厂的清理效率进行评估。根据处理规模和清理效率的排序，选定 120 家污水处理厂分别组成高效处理样本集和低效处理样本集，并对两个样本集分别进行拟合回归。各类污染物的清理是高度相关的，即污水处理会同时降低各类污染物的浓度，而不增加额外的成本。因此，污水处理成本的评估只需考虑主要污染物的清理量，在污水处理厂和本案中都是由 COD 清理量决定。基于两个样本集，可得到两个关于污水处理成本和 COD 清理量的关系函数：$y = 0.406\mathrm{e}^{0.5949x}$，$y = 0.9394\mathrm{e}^{0.4278x}$。当需清理的 COD 为 1 万 t 时，污水处理成本的最低估计值为 73.6 万元，最高估计值为 144.1 万元。

9.4　损害评估结果

1. 人身损害

无。

2. 财产损害

事发地登州岛是藤县藤州镇民生村对面的浔江江中岛，事件倾倒点位于浔江登州岛河段，位于藤县饮用水水源保护区二级保护区内，距离县城取水口上游约 8.5km。藤县自来水厂有两个水源，一个在浔江（即本次受影响的水源），日供水量 3 万 m^3；另一个为谭东地下水水源，日供水量 $3000m^3$。两个水源供水管网相同，均可向县水厂供水，日常以浔江水源为主。县城水厂自 9 月 3 日 23:00 起停止从浔江取水，24:00 停止供水。至 9 月 4 日 12:30 恢复取水，至 15:30 恢复供水。累计停止取水时长 13.5h，停止供水时长约 15.5h。下游沿江其他水厂未发生停取水情况。

藤县水利供水有限公司于2016年9月3日23:00停止取水，历经13.5h的停产，遭受停产损失，并产生了应急人工成本，增加了水处理成本。减少的供水收入＝供水减少量×供水单价＝14 641.25t×2.08元/t＝30 453.8元；增加的PAC处理成本＝PAC增加量×单位处理价格＝1.216t×2500元/t＝3040元；增加的人力成本＝应急处理人员加班总人次×加班费＝25人次×120元/人次＝3000元。

广西藤县通轩立信化学有限公司历经13.5h的停产，遭受停产损失，其员工存在误工损失。减产损失＝损失时间内减产产量×单位正常产量的利润＝13.5h×863.26元/(t·h)×15t＝174 810.15元；误工损失＝当班人员人数×员工平均工资＝120人×13.5h×5.08元/h＝8229.6元。

广西新舵陶瓷有限公司历经13.5h的停产，遭受停产损失。减产损失＝损失时间内减产产量×单位正常产量的利润＝13.5h×0.54元/(t·h)×25 000t＝182 250元。

3. 生态环境损害

此次污染事件造成的生态环境损害是通过水体自净功能恢复，因此采用虚拟治理成本法进行生态环境损害的量化评估。污染事件发生于9月3日23:00左右，以9月4日凌晨的监测数据作为初始污染状态，以9月4日21:00监测的污染物浓度达标状态作为水体基线恢复时间点。根据水利部的水位流量监测，浔江平均水位高度估算为19m，水流速度为0.4m/s，水流量估算时段取9月4日凌晨至21:00。根据污染物浓度监测数据，垃圾船上游500m、垃圾船旁、垃圾船下游500m及水厂取水口的污染程度存在较大差异，所以分别按照水体污染物浓度超标情况进行损害评估。其中，水体污染治理成本放大系数按第III类水质标准取均值5.25。

垃圾船旁江面宽度为1050m，断面面积估计为19 950m^2，9月4日凌晨至9月4日21:00的水流量估计为6.18×10^{8}m^3。根据应急监测数据，垃圾船旁的COD、总氮和汞超标，需处理的COD为0.618万t。下游500m处江面宽度为1200m，断面面积估为22 800m^2，9月4日凌晨至9月4日21:00的水流量估计为6.89×10^{8}m^3。根据应急监测数据——垃圾船旁的COD、总氮和汞超标，需处理的COD为0.0689万t。水厂取水口邻近水利部监测断面，以水利部监测断面的流量均值估算该部分水体9月4日凌晨至21:00的水流量，为3.84×10^{8}m^3。根据应急监测数据，垃圾船旁的COD和总氮超标，需处理的COD为0.0768万t，则需处理的COD共计0.7637万t，处理成本的最低估计值为6395万元，最高估计值为13 024万元。根据第III类水质标准放大倍数的平均取值，水质调节服务的损害成本为34 213万～69 678万元。

4. 应急处置费用

应急处置费用指突发环境事件应急处置期间，为减轻或消除对公众健康、公私财产和生态环境造成的危害，各级政府与相关单位针对可能或已经发生的突发环境事件而采取的行动和措施所发生的费用。其在该案例中包含污染清理费、污染控制费、应急监测费三个部分。

藤县海事处和藤县县城环境卫生管理站一同负责了污染清理的工作，藤县海事处于事发当日联系船舶进行清理和垃圾运输工作，藤县县城环境卫生管理站负责将涉事船只装载的垃圾进行清运及填埋处理，分别发生费用 30 800 元和 77 385.49 元，共计发生费用 108 185.49 元。

藤县环境保护局和藤县疾病预防控制中心负责了污染控制工作。藤县环境保护局在接到居民反映后，立即展开了监察监测工作，同时拦网进行垃圾的阻截，藤县疾病预防控制中心则对垃圾船只及受污染水域进行消毒和除虫的处理，分别发生费用 11 640 元和 26 890 元，共计发生费用 38 530 元。

另外，藤县环境保护局和藤县疾病预防控制中心还负责了应急监测的工作。藤县环境保护局采集了浔江地表水及县城水厂源水、出水样品进行水质监测，藤县疾病预防控制中心选择船只周边四个采样点对水质水平进行了检测，梧州市环境保护局则对藤县境外的水质进行了采样监控，分别发生费用 36 130 元、13 856 元及 105 968 元，共计发生费用 155 954 元。

5. 事务性费用

事务性费用是指污染环境或破坏生态环境行为发生后，各级政府与相关单位为保护公众健康、公私财产和生态环境，减轻或消除危害，开展环境监测、信息公开、现场调查、执行监督等相关工作所支出的费用。事务性费用鉴定评估内容包括环境监测、信息公开、现场调查、执行监督等费用合理性的判别与数额的计算。

环境监测部分包括水质动态监测 16 种花费 8696 元，专项监测致病菌培养 11 种花费 4400 元，9 月 5～12 日县城水厂水动态监测及 9 月 7 日专项监测致病菌培养采送样到梧州市疾病预防控制中心的租车花费 4600 元。此部分共计约花费 17 696 元。

现场调查部分包括藤县环境保护局负责的存放证物的大型冰箱 4450 元；水产畜牧兽医局负责的 7 航次渔政执法船艇油费支出 2180 元，16 人次工作人员的外勤补助共 1120 元；水利部出动冲锋舟 6 次（300 元/次）共 1800 元，出动车辆 4 次（100 元/次）共 400 元。此部分共计花费 9950 元。

执行监督部分包括藤县环境保护局管理的有奖投诉奖励开支 10 000 元，接待自治区、梧州市、东莞市及其他有关单位来开展工作产生的接待费用 4200 元；藤州镇政府安排镇、村干部值守工作的人工费 2740 元。此部分共计花费 16 940 元。

信息公开部分包括宣传材料费 3000 元、召开村民群众会议开支 3000 元。此部分共计花费 6000 元。

第10章 案例分析三

10.1 案例背景

本案例是在渤海天津海域，以某石化企业为背景，在分析其现状的基础上，模拟溢油事故，并对事故造成的环境经济损益进行分析。本章以天津科技大学海洋资源与环境监测中心于2009年8月在本项目附近海域进行的海洋环境质量现状调查为背景，共布设20个水质监测站位。

本石化企业位于渤海湾西部天津海域，海河水系与蓟运河水系的尾间，是海陆交互作用强烈的地区。总的地势自北、西、南向渤海湾中部缓倾，毗邻海域坡降0.1‰～0.6‰。水动力差，海水交换能力不强，年平均水温为13.5℃，年平均盐度为28.4，平均潮差2.4m，沿海的波浪90%以上属于风浪类型。该地区资源丰富，是重要的经济发展区域。

该区域海岸线短，类型单一，为堆积型平原海岸，即典型的粉砂、淤泥质海岸，海岸平直，坡度平缓，潮滩平坦，岸滩动态变化十分活跃。海岸带地区海洋遗迹丰富，国家级自然保护区内拥有世界著名的古贝壳堤、牡蛎滩和七里海湿地。由该海域区划图可知，该项目附近涉及两个主要的环境敏感区域。朝南方向10km处有海洋特别保护区，朝东方向5km处有贝类增殖区。

2008年3月调研结果表明，该海区浮游植物约硅藻门12属29种，多为圆筛藻属和角毛藻属。调查海区各调查站位浮游植物总细胞数量的变化范围是176 300～940 429个/m³，平均值为480 522个/m³。本海区优势种均为硅藻，主要优势种有偏心圆筛藻、布氏双尾藻、苏氏圆筛藻、骨条藻、具槽直链藻、丹麦角毛藻、柔弱根管藻7种。多样性指数的变化范围是1.92～3.11，平均值为2.58。均匀度变化范围是0.68～0.86，平均值为0.77，均匀度水平适中。调查海区浮游植物的丰度较低，变化范围是0.34～0.67，平均值为0.50。

浮游动物分属于5个类群共9个种，其中幼体类种类最多，其次是桡足类。浮游动物个体数量变化范围是12～5475个/m³，平均值为421个/m³；生物量变化范围是3.76～433.33mg/m³，平均值为120mg/m³。浮游动物的生物多样性变化范围是0.04～1.75，平均值为1.11。浮游动物的均匀度变化范围是0.02～1.00，平均值为0.71。丰度的变化范围是0.17～0.82，平均值为0.43。浮游动物的优势种依次是：卡拉直克拟铃虫、强壮箭虫、小拟哲水蚤。

底栖生物种类较少，共 22 种。其中软体动物 13 种，甲壳动物和环节动物 3 种，棘皮动物有 2 种，其他（鱼类及纽形动物等）有 4 种。底栖生物的生物量和栖息密度较低，平均值分别为 15.84g/m^2 和 35 个/m^2。调查海区底栖生物种类多样性指数较低，变化范围是 0～2.52，平均值为 1.29；均匀度的变化范围是 0～1，平均值为 0.66。调查海区底栖生物的优势种只有 3 种：小头栉孔鰕虎鱼、橄榄胡桃蛤和绒毛细足蟹。

本区潮间带生物调查采集的样品共鉴定生物 18 种，其中软体动物最多，有 10 种，多毛类 4 种，甲壳动物 2 种，其他生物 2 种（包括腕足动物和腔肠动物各 1 种）。本区潮间带生物平均栖息密度为 143.49 个/m^2，其中软体动物平均栖息密度最大，为 256 个/m^2；其他动物栖息密度平均为 27.3 个/m^2。本区潮间带生物平均生物量为 143.49g/m^2 时，其中以软体动物生物量最大（604.90g/m^2），占绝对优势。不同潮带的种类多样性指数和丰度的垂直分布均以低潮带较高，高、中潮带的则明显偏低且相近；均匀度的垂直分布则以高潮带最大，中潮带较低。根据优势度计算结果，本区潮间带优势种依次是：四角蛤蜊、黑龙江河篮蛤、泥螺。

10.2 模拟溢油事故

根据天津海事局 2005～2008 年不同等级船舶污染事故数量统计，天津港 33 起溢油事故，单次溢油量均在 5t 以下。按照事故地点统计，在码头发生 25 起事故，航道发生 7 起，锚地发生 1 起。溢油事故多由人为事故造成。可见发生频率较高，但事故规模较小，不会对周边敏感区域产生较大影响。

海损性溢油事故主要是船舶发生碰撞、触碰、搁浅、船体损坏、火灾、爆炸等造成的溢油事故。以天津港海域已发生溢油事故的分级统计频率，作为估算一次独立船舶航行中可能发生相应规模船舶污染事故概率 P 的已知参数，并结合不同评价时段进出港船舶数量，可以估算出该阶段年度发生 K 次事故的概率，得出大规模的海上油船溢油的发生概率为 0.000 011。事故发生概率较低，但也不能保证绝对不发生事故，只要发生事故，就可能是特大溢油事故。

根据《建设项目环境风险评价技术导则》中事故源强的确定原则，按整船装载量的 10%和其中 1 个储仓装载物质全部泄漏之中的较大者计。根据《沿海船舶污染事故应急能力评估指南》中对溢油量的规定，最可能发生的溢油量——小于所装货船的 1%；最大可能溢油量——载货容量的 10%；最坏情况下的溢油量——所有油船最大量。

据有关资料，本工程设计最大船型运输油量为 5000 万 t，分别设置 8 个货舱，单舱容量分别为 7000t，考虑单舱容量作为本次评价的预测源强，即溢油源强为 7000t。

本次评价所选择的事故预测情景是考虑航道上碰撞造成的溢油事故，根据源强分析，泄漏量分别取 70t 与 7000t。

10.3　溢油扩散面积的计算

油膜的运动轨迹主要受潮流的影响比较显著，油膜在潮流的影响下做往复运动。在无风情况下，油膜随涨落潮流沿溢油发生位置由南北向往复振荡漂移，一个潮周期油膜距离泄漏地点最远为 10.1km，不会对工程附近的敏感目标产生直接影响。考虑油膜对敏感目标的最不利影响，对可能风向进行预测，风速取常年平均风速 4.6m/s。溢油泄漏时，落潮时在北向风作用下，约 36h 到达大港港区以南的海洋特别保护区（表 10.1）。本溢油扩散模型仅考虑了溢油的漂移和在湍流作用下的扩散过程，忽略了其他的溢油过程。

表 10.1　溢油影响面积分析

泄漏量/t	时间/h	溢油面积/km^2	对敏感目标的影响
70	6	4.2	无
	12	9.7	无
	36	13.8	电厂取水口
7000	6	13.7	无
	12	24.8	无
	36	95.6	海洋特别保护区

由以上分析可以看出，本工程所在海域环境较为敏感，一旦发生溢油事故必然会对周围的敏感目标产生严重影响，应严加防范，杜绝此类事故的发生。

根据 Mackay 公式可算得油浓度，如表 10.2 所示。

表 10.2　水中油浓度分析

泄漏量/t	时间/h	表层油密度/(mg/L)	1m 处油密度/(mg/L)
70	6	27.5	23.4
	12	6.7	6.3
	36	2.1	1.7
7000	6	43.1	40.5
	12	21.8	20.5
	36	6.3	5.6

10.4 溢油生物损害分析

栖息地包括各种近海、近岸、礁、湿地和海岸线的具有独特的物种集合体的环境。一组连续的具有相同生境类型的栖息地单元代表了一个生态系统。鱼、无脊椎动物和在食物链中生产率低的生物都假定恒定和均匀地分布在一个生态系统所考察的时间内。

本节所有物种被认为是平均敏感性，大多数物种在平均敏感性附近。利用实验所得结果及查阅大量文献，可得出浮游生物、底栖生物、潮间带生物 LC_{50} 值（lethal concentration 50，半致死浓度），如表 10.3 所示。

表 10.3 海洋生物半致死量

种类	LC_{50}/(mg/L)	亚致死反应
硅藻	4.324	抑制生长
蛤蜊	11.18	降低行为
对虾	7	影响捕食
鱼类幼体	6.411	破坏捕食

浮游植物是海洋生物的初级生产者，最容易受到油污染的影响。0.1mg/L 的油浓度就会影响其正常生长，对于以其为食的浮游动物也随之而受到影响。以 36h 海水油浓度为参考，利用 MATLAB 对公式求解，得出 70t 时死亡率为 10.13%，7000t 时死亡率为 41.77%。以 1m 处油浓度值为基础，对溢油造成的鱼类死亡率进行计算，得出溢油量 70t 时死亡率为 7.1%，7000t 时死亡率为 34.69%。以 1m 处油浓度值为基础，对溢油造成的无脊椎动物（以对虾为例）的死亡率进行计算，得出 70t 时死亡率为 5.37%，7000t 时死亡率为 19.21%。以 1m 处油浓度值为基础，对溢油造成的底栖生物的死亡率进行了计算，得出 70t 时死亡率为 3.46%，7000t 时死亡率为 9.33%。

10.5 溢油的经济损益分析

10.5.1 海域容量损失费用

本例基于市场价值法计算海域容量损失，用人工处理费用粗略估算海域水环境容量价值。我国各城市污水处理费用都在 0.15～1.17 元/t 范围内。天津市的污水处理费用平均为 0.665 元/t。二级污水处理中石油类的消减量为 5mg/L，通过换算可得出石油类污染物的处理费用为 $C_0 = 133\,000/\rho$（元/t），溢油密度 ρ 为 0.918g/m^3。对渤海海洋容量进行计算，渤海海洋容量为 28.71 万 t。2010 年陆源石油类污染物入海量为 8852t，假定此为实际排入海洋中的 70%，所以实际中的溢油量为 1.58 万 t。海洋容量损失费用等于溢油量乘以处理费用再乘以海洋总容量在海洋实际容量中的比例。本章计算时使用第 II 类水质标准。利用市场价值法计算得出溢油事故泄漏 70t 对环境容量损害赔偿为 405 万元，泄漏 7000t 对环境容量损害赔偿为 4.05 亿元。

10.5.2 生境服务损害费用

用单一的指标描述资源类别可能过分简化复杂的生态系统的关系和功能，可能导致结果出现偏差。在 HEA 中这种特征的损害指标的选择应注意：与种群水平上资源的丰度或者资源关键的功能特征相关；与对所谓的一般生境类型损害的综合服务相关；能够测量或者估计相对的基线条件。

本例服务指标基于单个的测量值，利用模型评估来估计对水生生物量的损失，利用该地区生境的优势种的生物损失来替代受损生境的服务价值损失。由于浮游植物、游泳生物、无脊椎生物和底栖生物对生态损害的权重基本是一致的，生态系统服务损失率为其平均水平 10.45%和 26.25%。

本例中采用替代生境假设，即受损前单位面积渤海湾所提供的服务功能等同于达到最大服务量的替代补偿计划中单位面积的生境所提供的服务功能。服务价值如表 10.4 所示。

表 10.4 不同海洋生态系统平均服务价值

生态系统	河口和海滩	海草床	珊瑚礁	大陆架	潮滩	红树林
总价值/[元/(hm^2·a)]	182 950	155 832	47 962	12 644	119 138	78 097

本章模拟该次溢油事件，对河口海湾这种生态环境造成了影响，结合对生物损失率的计算，得到河口海湾这种生态环境的服务功能损失为生物平均损失情况，对于 7000t 溢油事故需 5 年恢复，假设恢复工程从溢油发生后立即实施，恢复工程同期开始，5 年内达到最大服务水平，补偿损失随时间呈线性增长，HEA 假设受伤的生境服务的单位价值实际随时间关系是线性的。

参数的选择如表 10.5 所示。

表 10.5 HEA 模型参数

溢油量	70t	7000t
受损生境大小/km^2	13.8	95.6
损/补生态系统服务功能价值比率	1	1
年折算率/%	3	3
受损前服务水平/%	100	100
补偿替代服务水平/%	10.45	26.25
损失时间/年	1	5
生境服务价值/元	182 950	182 950
补偿工程面积/km^2	0.05	0.22
损失价值/万元	93.9	409.4

利用生境等价模型计算得到 70t 和 7000t 溢油事故造成的生态系统服务损害分别为 93.9 万元和 409.4 万元。

10.6 溢油危害等级评价

10.6.1 指标隶属度选择

本节溢油泄漏量分别为 70t 和 7000t。其环境综合状况为：溢油事故发生地非常敏感，溢油位置距海岸环境敏感区域非常近，水动力差，海水交换能力不强，年平均水温为 13.5℃；年平均盐度为 28.4；平均潮差 2.4m；沿海的波浪 90%以上属于风浪类型，风速为 4.5m/s。

下面以海洋原油为例，考察其油品性质：泄漏原油为中质原油，其烃类构成主要是链烷烃和环烷烃，原油的比重指数 API 值约 22，闪点为 52℃±5℃，黏性约 550mPa·s。对于生态因子的考察，本节生物损害如上面所提到的，生境类型为第四类。

根据案例的实际情况确定评估指标的隶属度，如表 10.6 和表 10.7 所示。

表 10.6 70t 已有事故污染等级指标隶属度

指标	参数范围	轻度污染	中度污染	重度污染	严重污染
溢油量/t	50～200	0	0.2	0.6	0
溢油位置/km	<10	0	0	0.2	0.8
敏感性	非常	0	0	0.1	0.9
水温	0～20	0	0.2	0.6	0.2

续表

指标	参数范围	轻度污染	中度污染	重度污染	严重污染
水动力条件	0.5～1	0.2	0.6	0.2	0
气象条件	1.5～5	0.2	0.6	0.2	0
溢油种类	中间态	0	0.2	0.6	0.2
溢油的毒理学（＞1000）/(mg/L)	1～100	0	0.2	0.6	0.2
溢油的持久性	重质	0	0.2	0.6	0.2
溢油黏性	稠	0.2	0.6	0.2	0
环境容量损失	10%～20%	0.2	0.6	0.2	0
浮游生物损失	＜20%	0.8	0.2	0	0
底栖生物损失	＜10%	0.8	0.2	0	0
游泳生物损失	＜10%	0.8	0.2	0	0
生境类型	4 级	0	0	0.2	0.8
服务功能损失	10%～20%	0.2	0.6	0.2	0

表 10.7　7000t 已有事故污染等级指标隶属度

指标	参数范围	轻度污染	中度污染	重度污染	严重污染
溢油量/t	50～200	0	0	0.2	0.8
溢油位置/km	＜10	0	0	0.2	0.8
敏感性	非常	0	0	0.1	0.9
水温	0～20	0	0.2	0.6	0.2
水动力条件	0.5～1	0.2	0.6	0.2	0
气象条件	1.5～5	0.2	0.6	0.2	0
溢油种类	中间态	0	0.2	0.6	0.2
溢油的毒理学（＞1000）/(mg/L)	1～100	0	0.2	0.6	0.2
溢油的持久性	重质	0	0.2	0.6	0.2
溢油黏性	稠	0.2	0.6	0.2	0
环境容量损失	＜30%	0	0	0.2	0.8
浮游生物损失	40%～60%	0	0.2	0.6	0.2
底栖生物损失	＞30%	0	0	0.2	0.8
游泳生物损失	10%～20%	0.2	0.6	0.2	0
生境类型	4 级	0	0	0.2	0.8
服务功能损失	20%～30%	0	0.6	0.6	0.2

10.6.2　模糊综合判定

（1）70t 溢油事故一级判定：根据最大隶属度原则，判定 70t 溢油事故为中度污染。

（2）7000t 溢油事故一级判定：根据最大隶属度原则，判定 7000t 溢油事故为严重污染。

致　谢

在本书撰写过程中曾得到相关单位、领导、专家和学者们的大力支持、帮助和指点，我们表示衷心的感谢。限于笔者的水平，疏漏之处恳请读者和专家同行们批评指正。

本书的编写得到了国家重点研发计划专项（2016YFC0503606）、中国科学院A类战略性先导科技专项（XDA23020203）、国家杰出青年科学基金（71825007）的资助。

彩　　图

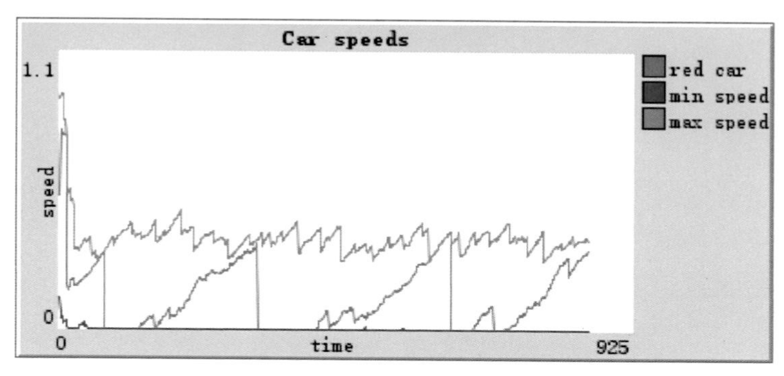

图 7.3　单车道拥堵情况模拟

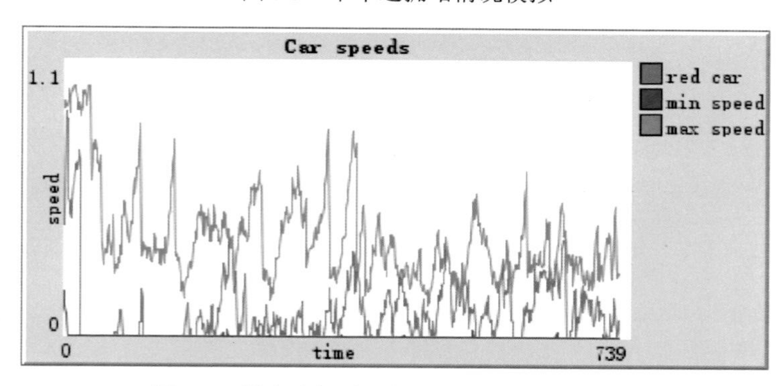

图 7.4　增大随机波动的单车道拥堵情况模拟

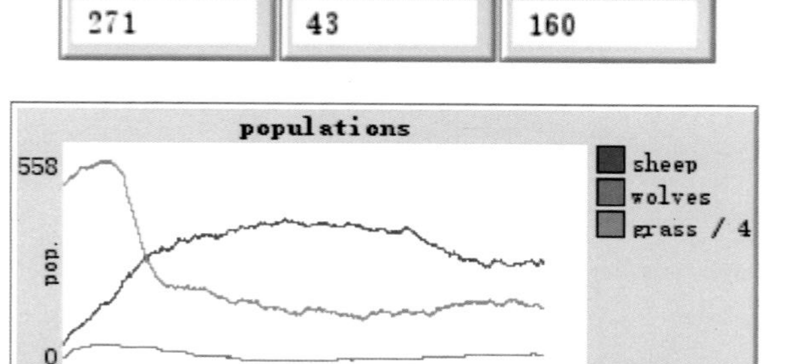

图 7.7　生态系统中各种物种数量变化模拟